副业觉醒

挖掘你的赚钱能力

思林 著

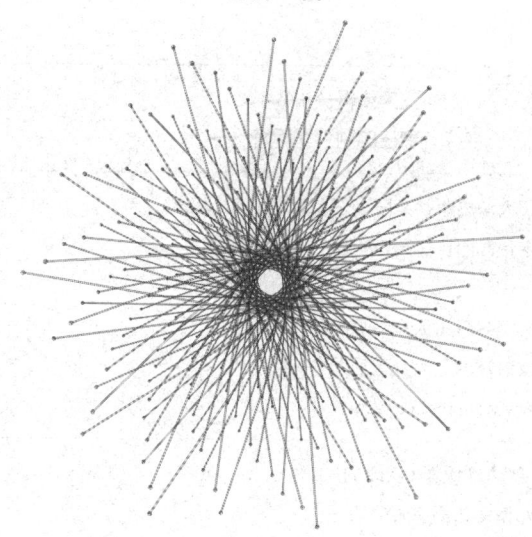

北京理工大学出版社
BEIJING INSTITUTE OF TECHNOLOGY PRESS

版权专有　侵权必究

图书在版编目（CIP）数据

副业觉醒：挖掘你的赚钱能力 / 思林著 . -- 北京：
北京理工大学出版社，2025.4.
ISBN 978-7-5763-5308-2

Ⅰ . F307.5
中国国家版本馆 CIP 数据核字第 2025KR6380 号

责任编辑：李慧智	文案编辑：李慧智
责任校对：王雅静	责任印制：施胜娟

出版发行 / 北京理工大学出版社有限责任公司
社　　址 / 北京市丰台区四合庄路6号
邮　　编 / 100070
电　　话 /（010）68944451（大众售后服务热线）
　　　　　（010）68912824（大众售后服务热线）
网　　址 / http://www.bitpress.com.cn

版 印 次 / 2025年4月第1版第1次印刷
印　　刷 / 河北鑫彩博图印刷有限公司
开　　本 / 880 mm×1230 mm　1/32
印　　张 / 6.75
字　　数 / 167千字
价　　格 / 59.80元

图书出现印装质量问题，请拨打售后服务热线，负责调换

赞　誉

思林是畅销书作家，也是日预售百万的文案导师，她是我的学生中真正通过自己的努力活出自己梦想人生的榜样！看到她拿到的结果，很多人会误以为她是全职做个人品牌，事实上她有自己的主业。推荐所有女生都要来看她的新书，持续激活自信力，在未来面对人生的分岔路口时，你会拥有做对选择的底气和实力！

——Angie 张丹茹

全球新商业导师、8本畅销书作家、福布斯创新企业家

孤独和内向是一个特点，而不是缺点。光转换这个思维，你就已经开始走出局限。当然如果你想要破局出众，那么清晰的路径和落地的方法，可以助力你。无疑，思林老师的《副业觉醒，挖掘你的赚钱能力》是你相当不错的选择。

——李海峰

独立投资人、畅销书出品人

如果有一本能发掘人生更多可能性的书，那一定是思林的《副业觉醒，挖掘你的赚钱能力》，不自知者无法唤醒内在力量。

这本书深入剖析人的内心世界，揭示从自我接纳到成长绽放的成事秘诀。通过真实的案例和实用的建议，帮助你找到热爱，发掘自身优势，实现人生价值，找到属于自己的闪耀之路。

——李菁

畅销书作家、女性个人品牌商业顾问

思林的升级迭代速度极快，并且始终保持着极度靠谱踏实的作风。正因如此，她成事能力很强，不仅自己做得很好，还助力很多人拿到了极为出色的成果。

在创业路上，有关内在自我的成长以及事业上的破局之道，这本书给予了诸多易于操作且切实有效的宝贵建议。正所谓靠近有结果的人，你便能更好地获取理想的结果。相信我，此书绝对值得你仔细研读。你定会从中受益匪浅，收获满满！

——朱秋融

个人品牌商业顾问、美好人生研习社创始人

序 言

**内向的我，
居然逆袭蝉联销冠，
从此走入成长快车道**

俄国作家安东·巴甫洛维奇·契诃夫曾经说过："在生活中，你无法改变风的方向，但你可以调整自己的风帆。"

小时候的我，总觉得忍受孤独是可怕的。每次看到餐厅里有人独自吃饭，马路上有人一个人逛街，总会忍不住投去同情的眼神。

可是不知道从何时开始，我渐渐地变得喜欢独处。午休的时候，同事们总找不到我的身影，甚至说我不合群。逢年过节，我也总爱躲在自己的房间里，被长辈们指责不懂事。

我却乐在其中，享受无人问津的独处时光。记得《百年孤独》里曾说过，生命从来不曾离开过孤独而独立存在。

曾经的我们，渴望外界的温暖与滋养，但往往越到最后越会发现，这人生路上 80% 的风雨，终究是要自己一个人去穿越。

我开始爱上一个人吃饭，一个人发呆，一个人穿越拥挤的人海。我发现孤独，反而能让我们拥有更多独立思考的时间，因为你可以选择自己想成为一个什么样的人，然后坚定信念继续走下去。

无独有偶，在这样一个经济高速发展、生活节奏加快的时代，有越来越多人倾心于"一人用、一人食、一人居、一人游"的生活方式，"孤独经济"的概念应运而生。

打开购物网站，一人食小火锅、迷你电饭煲琳琅满目；来到大型商场，迷你 KTV、一人食餐厅屡见不鲜……"孤独经济"，正在悄悄开启新的消费市场。

显然，孤独已经成了涉及各行各业的经营点。而在我眼中的"孤独经济"，则是基于当下现代人普遍享受一个人的独处时间，并且热衷于向内探寻，找到充实自己的生活方式，从这一需求点出发来寻找商业机会，从而达到变现的结果。

当一个人孤独的时候，他的思想是自由的，处于一种可以宽纳一切的精神状态。孤独是向内的情绪，也是在探索自己本身价值的过程。通过不断与灵魂对话，我们得以不被现实生活中的人情世故所累，有机会真正了解自己内在的需求。

孤独不仅不会让我们远离他人，反而更懂得珍惜和享受与他人的相处。它让我们有机会换一个角度看世界，试图找到能够读懂和理解我们的同频人。

现在的"孤独人群"越来越多，随之伴生的"孤独经济"正成为下一个极具潜力的市场。因为当我们减少了社交时间，就会把更多注意力放在自身，关注自己更多方面的需求。

于是，越来越多的人愿意花时间来提升自己，有些是培养一种兴趣爱好，另一些是想提升自己的职场能力，这也为知识付费行业创造了巨大商机。

也有更多人开始关注网络上的各种社群和圈子，选择付费学习，选择和人建立新的连接。我也是其中之一，利用下班后的时间，我不断尝试着寻找更多人生的价值。在独处的日子里，我选择了付费学习英语、演讲、商业思维、个人品牌、文案写作等领域的课程，在精进能力的同时开启了副业之旅。

直到今天，九年的副业经历让我蝉联销冠，成为畅销书作家、百万文案变现导师、自媒体博主……并且带领上千位普通人，开启崭新的副业旅程；还带着32位弟子写书，圆了他们的作家梦。而他们中的很多人，大都和我一样，更愿意选择独处的生活方式，并且把精力花在不断提升自我上。

而现在的我，也因为找到一群志同道合的伙伴，而感受到从未有过的坚定，未来将赋能更多人实现人生价值。

我把自己真实成长历程中踩过的坑、用过的可复制的方法和行动细节，都写在了这本书里，希望通过此书告诉你，不要轻易对命运妥协、躺平或放弃，在任何时候、任何条件下，我们都可以开始，只需要下定决心，找到对的方法，持续练习，你也可以收获和我一样甜美的副业或事业果实。

本书内容主要分为五大部分，前两章侧重从个人发展的角度来做自我接纳，学会孤独、享受孤独并且从中找到热爱。第三章、第四章、第五章分别从打基础、强方法、重交付三个不同维度，分享副业的道路上，我是如何在精进自己的同时，一步步拿到结果的。值得一提的是，每节的末尾还设计了"小试牛刀"的环节，期待你根据提示的要求，一起行动起来。

　　拿到这本书,建议的阅读顺序是从头开始按章节依次阅读,对副业实操内容感兴趣的伙伴,也可以直接进入第三章开始阅读,相信你一定会收获满满。

　　有缘与你相遇,期待在奔赴未来的路上,我们都能在孤独中沉淀自己,抱着生生不息的热爱,如星灿烂,如风自由。

目　录

第一章　接纳自我，自卑是一座金矿

自我和解：从自卑到卓越的必经路 ……002
　→ 原生家庭带给我骨子里的自卑 ……002
　→ 多数人不自信源于关注点不同 ……004
　→ 与自己和解，是一种人生修行 ……005

不被定义：不做长辈眼里的乖孩子 ……008
　→ 按部就班不是我想要的 ……008
　→ 舒适圈会让你止步不前 ……009
　→ 拒绝被定义，勇敢做自己 ……010

痛中觉醒：有审视的人生才值得过 ……012
　→ 那一瞬间，我决定改写命运 ……013
　→ 审视自己，过有选择的人生 ……014
　→ 重新出发，成为人生设计师 ……016

学会自治：向内探索舒适人生 ·················· 020
　　→ 人生是一场自我觉醒之旅 ·················· 020
　　→ 三个方法，开启自治人生 ·················· 021
　　→ 自治，是治愈一切的良药 ·················· 023

第二章　突破自我，为梦想乘风破浪

认识成功：孤独，也可以是成功的起点 ·················· 025
　　→ 原来的我是一个内向的人 ·················· 026
　　→ 内向并不是无能的代名词 ·················· 027
　　→ 成功者大多是性格内向者 ·················· 028

走近内向：内向不是性格缺陷而是优势 ·················· 029
　　→ 内向的力量，让你焕然一新 ·················· 030
　　→ 五大优势，别低估内向的人 ·················· 031
　　→ 内向者，如何发挥自身优势 ·················· 034

挑战自我：不擅长的事包裹着真正的成长 ·················· 037
　　→ 选择的路口，我决定挑战自己 ·················· 037
　　→ 做擅长的事，只会废掉一个人 ·················· 038
　　→ 持续挑战自己，成就更好的你 ·················· 039

找到热爱：唤醒你的内在力量 ·················· 041
　　→ 热爱，可以突破性格限制 ·················· 041

→ 拉高动机，找到心中所爱 ·················· 042
→ 利他的人生终将闪闪发光 ················· 043

第三章 活出自我，日日精进不停歇

勤链接：个人成长开跑第一步 ············ 046
→ 普通人开启成长快车道 ··················· 047
→ 三大方法找到对的圈子 ··················· 048
→ 如何在高手圈子里成长 ··················· 051

抢时间：多次翻转复用产效能 ············ 055
→ 努力为何被时间所吞噬 ··················· 056
→ 我的五大时间管理技巧 ··················· 057
→ 被管理的其实是你自己 ··················· 061

不服输：拼尽全力才能被记住 ············ 064
→ 一旦决定就请全力以赴 ··················· 065
→ 三个方法练就强者思维 ··················· 066
→ 转变思维才能改变人生 ··················· 069

修情绪：内核稳定是顶级修养 ············ 074
→ 保持每天高能的独家秘方 ················· 074
→ 六大方法遇见开阔的自己 ················· 077
→ 如何成为自己情绪的主人 ················· 080

读好书：拥有更高的人生视野 083
→ 这是我听过最好的读书理由 083
→ 高效阅读要从"会选书"开始 085
→ 五个瞬间爱上阅读的小技巧 088

懂做人：掌握成功的终极法宝 091
→ 做事先做人，做人先立德 092
→ 六大细节，成长路上走更远 093
→ 创业的本质，是为人处世 096

第四章 绽放自我，开启副业的人生终将闪耀

卡准定位：好定位成就好未来 102
→ 决定你能走多远的是定位 102
→ 五步找到自己的精准定位 104
→ 如何不断夯实和优化定位 109

商业画布：盘点商业模式的得力工具 114
→ 商业模式才是经营的关键 115
→ 洞察副业增长的"作战地图" 116
→ 用商业画布助力持续经营 125

内容杠杆：一套精准获客方法，涨粉不停 129

→ 一张表讲清主流平台差异 ·· 129
→ 做自媒体账号的三大误区 ·· 131
→ 小红书平台的黄金内容公式 ·· 133

产品搭建：快速构建品牌护城河 ······································ 137
→ 常见的六大产品体系 ·· 137
→ 搭建产品体系的思维模型 ·· 139
→ 如何设计小而精的产品体系 ·· 140

无痕成交：站着赚钱养活梦想，实现价值 ······························ 144
→ 故事先行，好的人生有故事可讲 ···································· 145
→ 前置筛选，对教育心怀敬畏 ·· 146
→ 口碑传播，让你的产品不销而销 ···································· 148

升级模式：普通人也可以更有价值 ···································· 150
→ 升级思维，找到高价值定位 ·· 151
→ 三大方法，引爆个人影响力 ·· 153
→ 与其卖产品，不如打造差异化 ······································ 156

四大阶段：副业典型问题全解析 ······································ 158
→ 起步阶段，普通人有哪些机会 ······································ 159
→ 成长阶段，如何持续让副业效益最大化 ······························ 162
→ 成熟阶段，如何平衡事业和家庭 ···································· 165
→ 展望阶段，如何找到人生使命 ······································ 166

第五章 放下自我，成功的本质是成就他人

学员故事：这三类伙伴活出理想生活 ······ 171
- → 自由职业，找到人生价值 ······ 172
- → 全职宝妈，告别手心向上 ······ 173
- → 普通上班族，开启第二曲线 ······ 174

价值交付：超值给予价值 ······ 176
- → 做到这一点，才是商业的本质 ······ 176
- → 五步做交付，利他是最好的利己 ······ 177
- → 成交不是终点，而是另一个起点 ······ 180

情感交付：看见他人的力量 ······ 181
- → 教育的本质，是尊重和看见 ······ 181
- → 如何在交付中充分提供助力 ······ 182
- → 成人达己，做最用心的事业 ······ 184

精神交付：不当偶像而是灯塔 ······ 186
- → 不断迭代，终身成长不止息 ······ 186
- → 何以为师，"传道受业解惑也" ······ 187
- → 人格传递，用生命影响生命 ······ 188

后记 总结及感谢，点亮自己，照亮他人 ······ 191

附录 学员写给我的6封感谢信 ······ 193

当我们感到空虚的时候,与其向外索求情绪价值,不如行动起来,让自己的生活变得充实起来。

第一章

接纳自我,
自卑是一座金矿

在知乎上，我曾经看到一个热门话题："如何看待自卑？"其中有个高赞回答说："自卑意味着一个人对自我是敏感且有察觉的，这种特质本身是优势。"

其实我们每个人身上，都有或多或少的自卑，比如，看见别人获得荣誉，看到别人口才好，看见别人专业课优秀等，相形之下，就觉得自己比不上别人，于是很容易产生自卑情绪。

也许在你的认知中，自卑一直都是负面的。但是如果你能正视自卑，接纳自己的不足，然后想办法去提升自己，不断超越自己，那么自卑反而会成为你成长的阶梯。

自我和解：从自卑到卓越的必经路

《无声告白》中写道："我们终此一生，就是要摆脱他人的期待，找到真正的自己。"每个人都像一本书，只有做到足够客观和理性地对待自己、正视自己，才能塑造自己、接受自己，最终成就自己。

→ 原生家庭带给我骨子里的自卑

我出生在一个普通工薪家庭，从小一家人就挤在一所不到 40 平方米的破房子里。父亲在我处于襁褓时，就因为身体原因只能在家静养。母亲独自扛下了一家子的经济重担，每天天不亮就出门去厂里打工，等我入睡的时候，还没见她回家的身影。

母亲的学生时代，虽然成绩优异，可正逢取消高考，所以上大学成了她一辈子的梦想。因此，她总会语重心长地告诉我："想要出人头地，就要努力考大学，只有好好学习，才能真正改变自己的命运。"

于是，我开始拼了命地学习。我没有属于自己独立的房间，吃完饭就趴在餐桌的桌角边写字，从不买衣服或者玩洋娃娃，所有的时间都拿来读书。就连班主任都在我的学生手册上，写下了这样的一句话："每次走进教室，老师总能看到你在埋头做作业。"

久而久之，我的世界里只剩下书本，变得越来越喜欢一个人独处，一个人学习、看书、吃饭，放学回家路上也是独自一人……不敢和别人敞开心扉，变得越来越胆小，甚至在马路上碰到同学，也会因为害怕没话说，而假装没看见。

初中时，我特别想改变当时这种状况，于是破天荒地鼓起勇气，报名参加班干部的竞选。直到现在我还清楚地记得，在上台发表竞选宣言前，我的手心直冒汗，两腿不停地打哆嗦，即使我尽力克服这种紧张感。最后，我依然落选了，败给了班上一个更热情开朗的同学。从此以后，仿佛我给自己的世界彻底关上了一扇门。

后来，学校知道了我的家庭情况，给我提供了特困生的补助，这带给我的并不是喜悦，而是深深的自卑，更让我彻底在同学面前抬不起头来。

这种从原生家庭带来的自卑、内向和敏感，伴随着我很长的一段时间，特别是走上工作岗位以后，深深地影响着我做的每一个决定。

同时，我觉得自己的故事并不是个例，很多来自类似原生家庭的孩子，都会或多或少有着和我一样的自卑和敏感心理，从而影响了自己的人生轨迹。

→ 多数人不自信源于关注点不同

最近和同事聊天,总会被问起一个话题:"你是 I 人还是 E 人?"

看到这里,也许你会好奇,到底什么是 I 人?什么是 E 人?其实,这是 MBTI[①]人格测试中的两大类型。I 代表内向型,E 代表外向型。

当下越来越多的人,都因为内向而给自己贴上了"社恐[②]患者"标签。同学聚会选择坐在最不起眼的地方,如果被人突然叫到会尴尬得脚趾抠地;发言前需要做心理建设,如果预判会冷场就一句话都不说;路上遇到认识的人,总是想办法眼神回避,甚至绕道而行……这样的"社恐"日常,你也曾经历过吗?

其实在我看来,一个人的自卑和孤独感,往往源于自身关注点的不同。过分关注自己的不足,是很多问题的根源。当我们无法达到预期目标时,如果过分关注自身,就会对自己的能力感到质疑,甚至自卑。具体表现在以下三个方面:

第一,经常拿自己的不足,跟别人的优势比较。如果你的个子矮,却专门跟个子高的人比较,那么不论怎么比,都会以惨败告终。生活的真理在于要利用好你手里已有的资源,去打好人生这场牌局。

第二,只关注自身不够好的地方,完全忽视自己的优势。如果一个人不停下来,好好审视自己内心某些不易觉察的标准,那么他就会习惯性被这套标准控制,持续使用这些不合理的标准去评价自己。

第三,容易关注自己的失败经历,而非成功经历。每个人的成长过程都有过成功和失败的体验,越自卑的人往往越容易把焦点放在那些失

---

① 迈尔斯-布里格斯类型指标(Myers-Briggs Type Indicator, MBTI)是由美国作家伊莎贝尔·布里格斯·迈尔斯和她的母亲凯瑟琳·库克·布里格斯共同制定的一种人格类型理论模型。

② 社交恐惧症,又称社交焦虑障碍。

败的、受挫的经历里,而下意识地忽视自己那些成功事件,或将其归因于运气好。比如越敏感自卑的学生,往往更容易记住他考不好的某次考试。

另外,家庭氛围、学校环境、成长经历……这些也都是自卑的重要诱因。受传统文化的影响,大多数的中国家庭,都比较擅长否定式教育,而不是鼓励式教育。

比如我们常常会在长辈口中,听到"骄傲会使人落后"这句话,哪怕学生时代经常拿第一,也很少得到父母的夸奖,原生家庭的影响是很多人不自信的原因。

我们需要不断成长,修身和修炼是一个持续终身的过程。如果只关注外在的成就,而不去觉察自己的内心、反思自己的内心,就会陷入迷茫和自卑。

→ 与自己和解,是一种人生修行

引起热议的还有一个话题:"人痛苦的本质是什么?"其中一个回答特别深刻:"遇事喜欢盲目较劲,失了人心丢了自我;不停地思维反刍,强化自己的负面情绪;把意愿强加于他人,伤了别人痛了自己。"

国际影星奥黛丽·赫本刚出道的时候,有人评价她脸太方、鼻孔大、胸平、腿粗,没有其他欧美女明星摄人心魄的金发碧眼,但是她依然学会欣赏自己,把"短板"发挥成自己的优势。

在电影《罗马假日》中,她青春无敌、活泼善良,是个无忧无虑的公主。她任性地将头发剪短的俏丽模样,让无数人痴迷,掀起了一股短发潮。这样发自内心的笑容,让人们对她的形容只剩下美!

所以,一直以来对你伤害最大的,不是别人插在你身上的刀,而是你经常会把那些刀拔出来看一看,然后再很生气地插回去。

学会和自己和解,就是人生路上最重要的修行。我推荐以下4种方式:

• 不恋过往，放平心态

生活中，有很多我们曾经觉得难以逾越的阻碍，在多年以后回头看，都可以一笑置之。上什么学校、选什么专业、该不该表白、跟哪个人结婚……人生是无数个选择的集合，我们不可能做到每一个决定都正确。

曾经的我，在选大学专业的时候也特别纠结，怕因为选错专业影响自己求职。可直到毕业后才发现在职场中，实际的工作经验和能力更加重要。公司更注重员工的技能和能力，而不是学历背景。

因此，不要去为过去的选择后悔，而是应当将错误和遗憾，看成我们生命中重要的部分，从中学习经验。也不要过分看重甚至夸大每一个当下选择的重要性，从生命的长河来看，并没有哪个是"一次定生死"的选择，我们的未来依然有重新选择的机遇。

这世上没有天大的事，没有过不去的坎，放下执念，万般自在。

• 适时松绑，放慢脚步

那些真正在生活中屡屡实现目标的人，往往不会闷头前行，而是走走停停，在思考中调整前行的脚步。

在现代忙碌的生活节奏下，人更需要适时地休息和调整，学会善待自己。我很喜欢TED[①]的一段演讲《别让任何人打乱你的节奏》，其中有这么一段话："人生中每一件事都取决于我们自己的时间，自己的时钟。你身边有些朋友或许遥遥领先于你，有些朋友也许落后于你，但凡事都有它自己的节奏。他们有他们的节奏，你有你自己的节奏，耐心一点。"

所以，不要去盲目对标别人的结果，看到别人取得进步就乱了阵脚，

---

① TED（指Technology、Entertainment、Design在英语中的缩写，即技术、娱乐、设计）是美国的一家私有非营利机构，该机构以它组织的TED大会著称，这个会议的宗旨是"传播一切值得传播的创意"。

从而影响到自己的步伐；而要去理性地分析他人背后的努力付出，找到自己的节奏并且奋力前行，就会离梦想越来越近！

• **向上努力，放低期待**

很多时候，我们为了一件事郁郁寡欢，往往是因为过分看重结果，其实努力的过程更令人留恋。生活犹如爬山，结果无非是两种，一种是爬上山顶，一览众山小；另一种就是沿途时时欣赏风景，时时怡然自得，有没有到达山顶并不重要。

所以，在这个快节奏的时代，不妨学会放低期待，看淡结果。要相信时间是放大器，多么微小的努力，在它的照射下，终将放大，那就默默等待。

人生两个境界，一个知道，一个知足。知道自己想要的，知足自己拥有的，就已足够！

• **聚焦自己，拒绝比较**

很多时候，我们的自卑情绪来自与别人的对比，别人做得比我们好，别人取得了比我们好的结果，别人站在聚光灯下，自己为什么做不到呢？难道真的比别人差吗？难道真的要认输吗？

没有对比就没有伤害。因为这个对比，使我们制定的目标很多都是不切实际的，不是自己真正喜欢的，更不是自己真正想要的，而只是为了证明自己不比别人差。

杨绛说过："我和谁都不争，和谁争我都不屑。"其实，你根本无须盲目和别人比较，反而要学会随喜他人的进步，同时不因他人的进步而贬低自己。

当你不断充盈自己的内在，就会发现生活始终是自己的，成长也是你自己的事。

不被定义：不做长辈眼里的乖孩子

说到不被定义的人生，我们总会想到一句很火的话："人生是旷野，不是轨道。"这句话出自科幻电影《普罗米修斯》。旷野是没有界限和限制的平原，代表着广阔的空间和自由。它承载着当今时代下，每一个负重前行的成年人所憧憬的另一种松弛的人生状态。

当下的我们，生活在一个他人在任何时候都能对你进行任何评价的世界。不过请记住：你有权利去证明他们是错的，勇敢地撕去标签，尽情地去做自己！

→ 按部就班不是我想要的

如果给你一个选择，你要稳定度日还是创造可能性？关于这个答案，我曾经挣扎过、徘徊过、思索过。30岁以前，我的生活轨迹几乎符合了社会对一个标准女性的全部预期。从小家教严格，认真读书；顺利工作，勤勤恳恳；遇到爱情，相夫教子……

学生时代，高分通过各种考试；走入职场后，我顺利进入一家世界500强企业工作。每天朝九晚五，在别人眼中，有一份值得羡慕的安安稳稳的工作。可是，我的人生就这么一直一帆风顺下去了吗？

毕业以后，正当我自信满满地想要大展拳脚时，却发现只凭学历和几张文凭远远不够。而且我每天重复着同样的工作，一眼就能看到30年后的自己，将抱着一份饿不死的工资到老。

还记得那时候，我每天失眠到完全睡不着觉，我不禁在内心自问："难道这么多年来，我夜以继日地发奋读书，要的就是这样重复的工作来填补我的生活？"这不是我想要的人生答案。

而且因为连续加班，我完全没有时间陪伴家人。每当下班回到家，看到家人熟睡的脸庞,我总会忍不住偷偷落泪。甚至因此和我人生中的第一个孩子失之交臂。

我永远都不会忘记那天,躺在冰冷的手术台上,看着医生拿着仪器朝我走来,我的眼泪止不住地往下流。所以,从那个时候起,我就暗下决心,开始改变自己。

我开始不再沉迷于无效社交、不再享受被人包围的感觉。而是在独处中,静下心来审视自己,探索生命的意义。

还记得奥普拉说过:"所有那些独处的时光,决定我们成为什么样的人。"我希望通过自己的努力,探索人生更多的可能性,亲手掌控自己的未来。

→ 舒适圈会让你止步不前

有位主持人曾说过:"15岁觉得游泳难,放弃游泳,到18岁遇到一个你喜欢的人约你去游泳,你只好说'我不会呢'。18岁觉得英文难,放弃英文,28岁出现一个很棒但要会英文的工作,你只好说'我不会呢'。人生前期越嫌麻烦,越懒得学,后来就越可能错过让你动心的人和事,错过新风景。"

在这个世上,没有不费吹灰之力就能收获的事。想吃水就得挖井,想摘果就得种树。只有你付出足够多的努力,命运才舍得把美好的事物回馈给你。即使是碰上从天而降的幸运,也一定是厚积薄发的结果。

白岩松在一次采访中也曾经说过,那个时候大家都觉得报纸行业是铁饭碗,很稳定,电视传媒还没有普及。而当电视传媒刚兴起时,电视台的大环境也不好,比不上已经发展得相当成熟的纸媒行业。但他还是选择跳出了自己的舒适圈,快速从纸媒转到电视传媒。他的选择是大胆的,而正是这份大胆给了他一个机会。

所以那时的我,也选择去冒险奋斗,大胆尝试副业,开启自己的事业版图,挑战自己的极限。

我还记得刚开始,第一个反对的声音就来自我的母亲,她对我说:"抱着眼下这么一份安稳体面的工作,你为什么要瞎折腾?"

你看,当你想要真正为自己而活时,就会发现"叛逆"是需要力量的。追逐梦想的路上,也需要判断力和勇气双重加持。

→ 拒绝被定义,勇敢做自己

杨绛说过:"世界是自己的,与他人毫无干系。"但很少人能活出这份智慧,大多数人半生都活在别人的要求与标准中。其实,我们每个都可以勇敢做自己。

• **撕掉标签,真实做自己**

一个女人真正的诞生,绝不是从出生后啼哭的那一刻开始,也不是始于成年那一瞬,而是从她能够撕破标签、打破定义、活出自己时开始。

摩西奶奶(安娜·玛丽·罗伯逊·摩西)出生于纽约的一座农场,她27岁嫁人,从此家务、农活等琐事几乎占据了她整个生活。在她73岁时意外扭伤了脚,不能再从事农活。可这时的她,毅然选择拿起画笔,而后25年的艺术生涯,共留下1600多幅作品,成为多产的原始派画家之一。

80岁那年,她还在纽约举办个人画展。清新淳朴、充满大自然气息的画作,像旋风一样引起了巨大轰动。一夜之间,摩西奶奶成为美国画坛的重量级人物。

所以,真正活出自己的人,才不会被年龄限制住思维,也不会被数字限制住眼界。年龄对她们而言,不是危机,而是岁月馈赠的礼物。

• **保持松弛状态,践行长期主义**

一个人内心深处的淡定与从容,才是无惧一切风险的底气。《轻松主义》一书中写道:"人生是一场长跑,只有放轻松,做到轻而不浮,松而不懈,才能跑完全程。"

生活中，我们常常会面临各种机遇和抉择。如果时时绷紧神经，容不得半点纰漏，就容易陷入内耗、裹足不前。学会放松心情，与不确定性融洽相处，才能进退有度，让自己拥有落子无悔的底气。只有内心松弛，不纠结、不设限，才能步履不停，持续践行。

正如流水不争先，争的是滔滔不绝。

• 终身成长，活得闪闪发光

王尔德说："爱自己，是终身浪漫的开始。"而爱自己的最好方式，就是终身学习，恒久提升。这样的人，永远都活得闪闪发光。

在中国云南，有位传奇人物褚时健，年过七旬、两鬓斑白的时候开始二次创业。经过十多年的努力，成功打造了"褚橙"品牌。翻看他的故事，就会发现褚老永远怀着不服输、终身成长的心态，从不放弃自己，也不会始终坐在曾经的荣耀上，每一天都是新的开始，每一次努力都是新的挑战。

从中学开始，他就有坚持阅读的习惯，无论是在后来的逆境之中还是年老体力不济时，都会在床头摆几本书，甚至每天安排固定的阅读时间。

正是这种求知欲和探索精神，让他保持年轻向上的心态，壮心不已，拖着耄耋之躯依然把"褚橙"打造成"中国十大柑橘品牌"和"中国果品百强品牌"，最终在 91 岁高龄去世。

他的终身成长、终生奋斗的故事激励了无数中国企业家和广大渴望成长的普通人。

成功往往是一时的，而成长才是一辈子的事。那些真正的终身成长者，不仅能把自己的生活经营得有声有色，还能吸引到更多灵魂有趣的同行者。要记住，你若盛开，清风自来；你若精彩，天自安排！

- **别在他人的评价里迷失自己**

很认同这样一句话:"世界上没有任何一种性格,能避免得罪人。"说话直会得罪小人,说话委婉会得罪急脾气,老好人会得罪有原则的人,圆滑的人会得罪聪明人……既然怎么做都会得罪人,不妨好好取悦自己,真实做自己。

一直以来,我们乐于听到赞美之声,却怯于拥有被别人讨厌的勇气。可是,经历是自己的,与他人无关。评价是别人的,生活是自己的,每一个决定自己负责,每一个结果自己承担!

《当尼采哭泣》一书中的布雷尔医生,在外人眼里是位事业有成、令人尊敬的医生。可当他来到四十岁,却不可抑制地变得焦虑起来。他害怕自己不再是外界评价中那个优秀闪耀的人。

他会为工作中遇到的难题而难以入睡,在无数个深夜设想同行们会因此而嘲笑他;也会因身体的老去而感到恐惧,并因此蓄起了长长的胡须,将嘴角旁丑陋的皱纹遮住。为了得到解脱,他不得不放弃医生的身份,独自一人远离家乡前往威尼斯想要重新开始。

可是,寻寻觅觅一段时间后他才终于醒悟,原来自己痛苦的根源是一直活在外界的声音中,也因此错过了许多美好的真谛。直到他不再关注他人的评价,那种被束缚感才消失殆尽,也渐渐重拾曾经的自信和愉悦。

因此,当我们撕掉标签、不看重他人的评价、保持松弛、终身成长,我们就真正活成了自己,闪闪发光,未来的一切美好将环环相扣。

痛中觉醒:有审视的人生才值得过

苏格拉底曾经说过一句经典的话:"未经审视的人生,是不值得过的。"当今这个快节奏的时代充满了复杂性、挑战性和不确定性。很多人在各种 KPI① 的驱动下忙碌于行动，忙碌于学习，生怕一刻的耽搁就导致自己与整个世界脱节。

可是，一个人最遗憾的事，莫过于轻易地放弃了不该放弃的，固执地坚持了不该坚持的。所以，只有适时停下脚步，不断观照和反思自己，人生之路才能走得更稳更宽阔。

→ 那一瞬间，我决定改写命运

还记得那时，我刚结婚不久，就被借调到公司总部一个非常心仪的岗位，特别希望能够凭借自己的努力，得到领导的认可，从而成功转正。

不巧的是，一次去医院做常规检查时，我发现自己已经怀孕两个月，同时也有个坏消息，各项指标都不尽如人意，医生建议卧床休息，两天后再来复查。

正当我急得像热锅上的蚂蚁时，领导打来电话，告诉我临时接到上级通知来检查工作，需要准备很多材料和报告，让我赶紧回去加班。

当时的我没有半点犹豫，直接奔到了公司，并没有把怀孕的事告诉领导而推辞，抱着一丝侥幸心理。可是当我在深夜拖着疲惫的身体，下班回到家，突然发现自己血流不止，被彻底吓蒙了。母亲恰好看到地上流淌着的鲜血，也被吓得不知所措，颤抖着双手拨通了急救电话，我被送进了医院。

做完检查后医生告诉我，来得太晚了，孩子保不住了。我抓着她的手，跪在地上说："医生，求求你，能不能救救我的孩子？"

那一刻，我的眼泪止不住地往外流，可是医生摇了摇头。于是我被推进了手术室，看到医生朝我走来，手里拿着冰冷的仪器，瞬间心如死灰。

我的心中仿佛有个声音在说："孩子，是妈妈对不起你，不应该只顾

---

① 关键绩效指标，是用于衡量工作人员工作绩效表现的量化指标。

着工作，把你给害了。"

从那天起，我开始整夜睡不着觉，每晚都会躺在床上翻来覆去，一遍遍不停问自己，为什么我连自己的孩子都保护不了？难道我的命运就注定掌握在别人手里？

不，我要改变自己，拿回命运的自主权！

也就是从2014年10月28日痛失孩子，我失去了第一次做母亲的机会的那天开始，我决定改写人生，将掌控权牢牢握在自己手中。

不知道看到这里的你，是否有过类似的人生意外？但命运的不幸安排中其实也蕴含着一份礼物，正所谓福祸相依。

而人一旦从痛中觉醒，就将开始走向有觉知、有审视、有追求的人生。

→ 审视自己，过有选择的人生

有位作家曾经说过："努力不是为了证明自己多优秀，而是在意外和不可控的因素来临时，那些平常所努力积淀的涵养和能力，可以成为我们抗衡一切风雨的底气。"

在我眼里，努力的意义，是为了尽可能把命运掌握在自己手里，不是被动地困在某个牢笼里无法动弹，而是真正拥有更多的人生选择权。

• 千万不要轻易放弃自己，要敢于拼搏

子曰："譬如为山，未成一篑，止，吾止也；譬如平地，虽覆一篑，进，吾往也。"

这段话表达的意思是：凡事都是自己的选择。做任何事的第一步，都是明确自己的目标，知道自己想要什么，然后朝着这个目标不断前进。

1960年的罗马奥运会上，美国运动员威利玛·鲁道夫相继获得了女子100米、200米和400米接力三项短跑比赛冠军。

可是你一定不会想到，她从小就患有严重的小儿麻痹症。一般人一两岁就学会走路，而她7岁的时候依然步履蹒跚，速度非常慢。

在成为冠军的道路上，有太多来自周围否定的声音，很多人劝她放弃，但是她依然坚定自己的信念，选择相信自己，并不会因为周围人的看法，轻易放弃自己的选择。

电影《哪吒》里也有句经典台词："我命由我不由天！"

现在的你是否也处在职业的十字路口，甚至是人生的关键时期？是否经历公司裁员，和同事关系不顺，现有的工作并不是你想要的，收入太少想要拥有一个兼职，或者长期在家照顾家庭琐事，想要拥有自己的职业价值？

其实无论现在多大年纪，无论经历过多少困难，又或者是正处在选择的十字路口，我们都要向前看，并且永远不要放弃自己的选择权！

当你选择不抱怨、不放弃，为自己的人生奋力拼搏时，未来的你也一定会得到命运的馈赠。而正是因为坚守这份选择权，你才能真正掌控自己的人生！

• **努力积淀能力，拥有抗衡风雨的底气**

和第一个孩子失之交臂以后，我发誓要改变自己，希望有一天，能真正拥有一份时间自由、空间自由、工作自由且真正属于自己的事业。

于是，我又一次投入学习中，没日没夜发疯似的买书报课，希望能从中找到人生更多的可能性。当时看到周围的同事选择考研深造，我也曾经心动过，可在深思熟虑后选择了放弃。因为我发现学历并不代表一个人的能力。只有一技之长，才是无惧一切风险的避风港。

在现实生活中，我们总会遇到突如其来的变故。这些意外和不可控因素，往往让我们措手不及、无处可逃。只有在平日里努力积淀的能力，才能在关键时刻为我们提供庇护。

这些能力包括专业技能，独立思考、解决问题的能力，表达能力等。

它们不仅能帮助我们在遇到困难时找到出路,还让我们在面对压力和挑战时更有信心。

我一直相信,所谓安全感,永远是能力的副产品。只有在平日里付出努力,不断充实和提升自己,才是终身的铁饭碗。

真正的铁饭碗,不是在一个地方吃一辈子饭,而是一辈子到哪儿都有饭吃。

- **人生如棋,举棋若定真智者**

还记得电影《夏洛特烦恼》中的男主回到过去,做出了跟前世不一样的选择,从而拥有了很多,也失去了很多。他借着多活一世走了人生的捷径,获得了自己想要的一切,却迷失在纸醉金迷中,以至于一步错、步步错,最后做错了选择,活得还不如上辈子。

人生不是儿戏,一个人成熟的标志,是学会为自己的选择买单。

很多时候一个人的失败,就是从一次又一次的"没关系,下次再努力"开始的,总想着这次不行,还有下一次,给自己留了太多的后路,反而会不敢拼尽全力。

所以,与其继续放任自己动不动就放弃,把路越走越窄,倒不如从现在开始学会坚持。选你所爱,爱你所选。一旦选择,就请坚持到底!

人生如棋,落子无悔。选择本身没有对错,只有取舍。无论我们的选择是什么,学会为之负责,并从中学习和成长,人生才会更精彩!

→ 重新出发,成为人生设计师

特别喜欢一句话:"让自己变好,是解决一切问题的根本。"

人这一辈子,都希望让自己活得更好、更快乐。而在我看来,真正的幸福,源于设计有意义的人生。

这也就意味着,无论你年轻与否,无论你从事什么工作,都可以用设计思维来同样设计自己的人生，拥有充分的自主权和掌控权。

那么，如何才能拥有对于人生的掌控感？

• **掌控人生，从小事开始**

王小波曾经说过："人的一切痛苦，本质上都是对自己无能的愤怒。"

前几天看到一则新闻，有一位中年大叔，就用自己下班后的 2 个小时，每天苦练英语，结果从英语小白到出国留学，只用了短短 5 年的时间。

想要做好任何一件事，最有效的方法就是先踏出一小步，哪怕是一个微小的习惯，日积月累，就能让你看到不一样的自己。

如今，我已经坚持日更[①]朋友圈 1300 多天，哪怕生病的时候也没落下。即使很多人都在直播、拍短视频，我依然坚信文字的力量是无法被取代的。而且在这个过程中，我的思维能力和表达能力大大提升，收获了肉眼可见的成长。

所以，当你养成持续的好习惯，才能有更多的底气去寻求自己的人生。

• **做自己情绪的主人，享受丰盛与美好**

很多时候，人的情绪往往会在一瞬间发生改变。

清代小说家吴敬梓的讽刺小说《范进中举》里的范进，就是一个在惊喜之中无法控制自己的情绪而喜极发狂的例子。

前期唯唯诺诺的范进，中举之后跑到大街上，乐得鞋都跑掉了一只，疯狂大喊道："太好了！我中了！"别人都以为他疯了。

我想尝试过副业的朋友，一定也和我一样，经历过来自周围人的反对，甚至是我们最亲近的人；或者自己辛苦写的文章、做的视频，发出去以后被键盘侠[②]攻击，整个人都提不起精神。

其实没有人能事事如意，管理好自己的情绪，把烦恼的时间用来读书，

---

① 每日更新。
② 指在网上占据道德制高点发表"个人正义感"和"个人评论"的人群。

把埋怨的时间用来锻炼，任何事都会越来越顺利。

一个人的优雅，在于控制自己的情绪。一个时刻保持乐观积极情绪的人，天生就拥有一种特别的感染力，这种感染力在社交场合中会吸引别人靠近，赢得别人无条件的支持。

• 改变思维方式，思路一变，天地宽阔

在这个信息发达的时代，想要了解什么信息，动动手指搜索一下便知。但只有一个人的思维方式，才真正决定他未来能走多远，能拥有多少财富。

正如稻盛和夫所说的："比努力更重要的，是改变你的思维方式。"

被誉为"塑胶大王"的企业家王永庆，在面临国际石油危机时，宁可降低利润，也要坚持原价供应。他说："如果赚一块钱就有利润，为什么要赚两块钱呢？把这一块钱留给客户，让他去扩大设备，客户的需求量大了，订单不就更多了吗？"最后，他将公司做到了台湾地区行业龙头的位置。

不管是稻盛和夫还是王永庆，他们都懂得：唯有突破思维牢笼，才能有质的飞跃。

生活中，我们时常受困于内心的茧房。面对不公，逆来顺受；遭遇打击，低头认命；碰到挑战，故步自封。思维上亮起红灯，行动上便止步不前。

所以，别在日复一日的生活中，形成无意识的惯性，换种思维，天地可能更开阔。

• 重新定义问题，找到尽可能多的选项

事实上，很多人并不知道自己想要什么样的人生，前20年的生活，不过是循规蹈矩罢了。

看见别人要考公务员，你也跃跃欲试……

看见别人在准备考研，你也开始报班学习……

看见别人在考教师资格证，你想也去考一个，万一有用……

其实，人生是需要规划的，道路是需要设计的。在《斯坦福大学人生设计课》里，提到了一些概念和方法，印象最深的就是"重新定义问题"。

也就是：可以退一步思考，重新审视自己的喜好，开启全新的解析空间。

人生不可能只有一种活法，也会遇到很多问题，生活的真谛就在于成长和改变。我们不是要找到最适合自己的方向，而是要拥有多个选择。因为每个选项都会有缺陷，不同的人生阶段答案也会变化，真正好的人生状态是：我发现了很多适合自己的选择，而且决定从某个选择开始先试试看。

对于人生这个问题的答案，不可向外求，不要看其他人做什么容易火，我们也随大流，生怕自己错过了风口，这样只会导致自己加入无效内卷。

其实人生更像一道应用题。答案在于重新定位问题：不是哪些事情能赚钱，走一条安全靠谱的道路；而是哪些事情是我最有热情的，并为之在市场上找到对应匹配的机会。

曾经在网上看到一则故事，有位小伙子最早在传统媒体行业工作，需要跑一线、拍素材，每天风尘仆仆，经常熬夜加班。后来行业不景气，他尝试去开私房菜菜馆，早起晚睡，颠勺炒菜，研究菜品，一夜之间生意爆火。之后又选择了将菜馆转手，背上行囊环游世界，做起了旅游博主。他的人生真是永远充满惊喜和新的挑战。

所以，找到人生的掌控感，在很大程度上也是了解自己、认识自己的过程，这个过程可能非常漫长，需要你以一生为轴，以毅力为轮。

愿你在这条找寻之路上，留下属于你的坚实之辙，最终成为自己的人生设计师！

学会自洽：向内探索舒适人生

杨绛曾经说过："最美好的人生。是不索取、不攀附、不低眉。却能活得最恬静、最雅致、最坦然。"

人生短短数十载，转瞬即逝。每个人的一生，追求的不过是简单幸福的生活状态。人生如逆旅，时常经风雨。

何为人生最好的状态？无非是学会自洽。

→ 人生是一场自我觉醒之旅

哲人尼采说过："没有自我意识的觉醒，人就会自愿沦为奴隶。"

不知道多少人有过这种经历：想逃离所在的圈子，却无能为力；想去往更好的地方，却身不由己；最后随波逐流，被环境裹挟同化。

曾经的我也是一样，为了开启事业第二曲线，真正找到自己的人生价值，我疯狂地在互联网上搜集和学习各种资料。

当时，看到朋友圈的好友通过在平台上卖货，顺利开启了自己的小事业，收入也还不错，甚至超出了主业，于是我也摩拳擦掌，跃跃欲试。

可轮到自己开始发朋友圈建群、卖力吆喝的时候，却发现和想象中完全不同。每天就像一个卖货机器人，只需要动动手指，转发各种链接，连话术都是现成、准备好的。

一整天下来，如果侥幸有三五群友下单，可以赚到十块八块，但是第二天又开始为业绩感到发愁。最关键的是，整个过程中没有半点能力的提升，完全只是重复劳动而已。

是的，那一刻我果断放弃了。因为我的初心，是希望能在热爱的事业里不断成长，从而遇见更好的自己。

人生没有理想的模板，幸福也没有统一的标准。你可以好好读书，上名牌大学，也可以学习一技之长，发展自己的兴趣爱好；你可以选择富有挑战且高薪的工作，也可以选择收入一般但安稳的工作，还可以不畏风险、自己创业。

不管哪一种，没有对错，只是选择的不同！

→ **三个方法，开启自洽人生**

"自洽"是近来比较流行的一个词，来自英语 self-consistent，直译过来就是"自我融洽、自相一致"的意思。

你有没有发现，我们做任何一件事，周围都会产生很多声音。所以，始终保持独立思考和判断的能力很重要，毕竟在这个世界上没有绝对的对错。

当所有人都在为一件事疯狂的时候，或许你要做的不是盲目追随，而是停下来，重新审视和定义自己，找到真正适合自己的方式。

• **真正的自洽，由听从内心的声音开始**

因小说《不能承受的生命之轻》轰动文坛的小说家米兰·昆德拉，原本一直专注于诗歌写作。直到30岁那年他写了一部短篇小说，才发现自己更适合写小说，他说自己终于找到了表达声音的正确途径，于是毅然走向小说创作之路，这才有了闻名于世的《不能承受的生命之轻》。

其实，我们在很小的时候，就能感受到自己喜欢什么、不喜欢什么。很多时候，我们真的不必非得去听别人的意见。别人的意见仅仅是站在经验主义的角度去指导我们的未来，而未来，其实谁都没去过。

所以自洽的起点，就是听从自己内心真实的声音。

• **不用自己的标尺随意批判他人**

网上有一句流行的话："改变自己是神，改变别人是神经病！"

未经他人苦，莫劝他人善。每个人的成长环境、性格气质、天赋优势、价值观排序都是不一样的。所以，请不要随意用自己的那把尺子，评判他人的行为和选择。

母亲曾告诉我这样一件往事：在我 6 岁的时候，公司想派她出国深造，只需要 2 年，回国以后就能得到晋升机会。可她看到怀中的我，果断放弃了这个机会。她一直说人生不只是出人头地，与家人一起过着平凡的日子也是一种选择。

这件事让我深受触动，很多时候我们都在追求金钱、权力和名望，却忘了这世上始终站在你身边的，唯有家人。家既是我们永远追寻的幸福，也是心灵最终的归宿。

所以，不用世俗的眼光束缚一个人，不以世俗的成功定义一个人，是给他人的最好的尊重。

每个人都不是一座孤岛，真正的自洽意味着面对他人，我们能够接纳和理解对方。就像一团棉花，柔软而包容，任何力量打在上面，都会被一一化解。

- **极致践行，事上多练，才是成事根本**

想要真正获得改变，都得落实到具体的行动上。

2016 年里约热内卢奥运会的赛场，让很多人知道了约瑟夫·斯库林这个名字。在男子 100 米蝶泳决赛中，这个年轻的小将战胜了称霸泳坛多年的飞鱼迈克尔·菲尔普斯，强势夺金，并打破了奥运会纪录与亚洲纪录。

斯库林用自己的故事告诉所有人，有梦想就去追，想要什么就去努力争取。13 岁，刚开始接触游泳的斯库林望着参加奥运会并获得冠军的菲尔普斯，在心底暗暗许下了心愿："我想像他那样，我也想要这样的胜利。"

在当时，很多人觉得这简直是异想天开，然而斯库林却始终坚持着，用热血为梦想而战。8 年后，终于如愿站上领奖台，并在决赛场上以绝对优势战胜了泳池神话。

有句话说:"世界上最遥远的距离,是想到与做到之间的距离。"解决问题需要实际行动,真正的自洽莫过于,把全部的心思用在当下的事上。

别让自己耽误于只说不做。从现在开始,以行动来践行想法,就是对未来最好的成全。

→ 自洽,是治愈一切的良药

生活就是一面镜子,你对它笑,它便对你笑。

2023年开始,我决定开拓公域,于是兴致勃勃地开始拍视频、写脚本,整个过程中也砸钱报了不少课。可是,每当自己辛辛苦苦花上一整天,拍出来的视频却点赞寥寥时,心情就会瞬间跌到谷底。

当我刷着别人的爆款,参考着别人的文案,却发现那些千篇一律的话题,都不是自己真正想说的。直到后来我决定要做真实的自己,传递自己的价值观,不再在乎流量,整个人也就舒服多了。

所以,真正的人生是用来体验的,而不是用来演绎完美的。

我们要学会接受自己的平庸,允许自己出错,允许自己偶尔摆烂,允许自己偶尔断电。万物皆有裂痕,那是光照进来的地方。

周国平曾说过一句话:"一个人只要知道自己真正想要什么,找到最适合于自己的生活,一切外界的诱惑与热闹,对于他就的确成了无关之物。"

我们每个人终此一生,都是在寻找一种自洽的状态,这是一种可以实现自我平衡的笃定的状态,也是一种处理自我与外部关系时懂得积极向内探求的思考路径。

愿我们都能活得自洽美好,活成自己喜欢的舒服、坦荡的样子!

第二章

突破自我，
为梦想乘风破浪

曾经看过这样一个故事,印象深刻。

有一天,龙虾与寄居蟹在深海中相遇,寄居蟹看见龙虾正把自己的硬壳脱掉,只露出娇嫩的身躯,非常紧张地问:"龙虾,你怎可以把唯一保护自己身躯的硬壳也放弃呢?难道你不怕有大鱼一口把你吃掉吗?"

龙虾气定神闲地回答:"谢谢你的关心,但是你不了解,我们龙虾每次成长,都必须先脱掉旧壳,才能生长出更坚固的外壳,现在面对危险,只是为了将来发展得更好而做好准备。"

寄居蟹深受触动,他发现自己整天只找可以避居的地方,从没有想过如何变得更强壮;整天只活在别人的荫庇之下,难怪自己的发展受到了限制。

所以,每个人都有一定的安全区,如果想跨越自己目前的成就,请不要画地自限,勇于接受挑战充实自我,你一定会比想象中更好!

认识成功:孤独,也可以是成功的起点

在浩瀚的宇宙长河中,每一个生命都是孤独的旅者,穿越无尽的时空,追寻着属于自己的光芒。

孤独背后，其实蕴含着无尽的智慧与力量。如同寂静的夜空，能孕育出最璀璨的星辰。

生活中，很多内向的人经常被称为孤独者，他们沉默寡言，不善言辞。但其实正是因为这种自我内心世界的沉淀，让他们变得足够沉稳和理智，所以选择拒绝一切无用社交，也因此被冠上内向的符号和不合群、不善交际等种种标签。

在大多数人眼中，成功人士都是外向且能言善辩的，面对大众他们能够侃侃而谈，因此外向者似乎比内向者更容易成功。

然而调查显示，成功者中内向性格所占比例高于外向性格。世界上70%以上的成功者，其实是性格内向的人。就像爱因斯坦、比尔·盖茨、巴菲特、村上春树等名人都是如此。

这到底是为什么呢？

→ 原来的我是一个内向的人

从小到大，我一直都是一个内向的人。小时候的家庭聚餐，饭桌上听得最多的一句话就是："这孩子总不爱说话。"

上学时每到期末，老师总会在评语栏里写："文静内向，老师期待你可以多多展现自己。"同学聚会，我习惯了待在角落，默默地听着别人高谈阔论。在职场上，也总是默默无闻，很多时候缺乏勇气去争取自己的权益。

还记得在大三实习的时候，我被安排到了电话销售的岗位，当时主管给我一份长长的名单，要求挨个打电话推销产品。

在那一瞬间，小小的电话握在我的手上，感觉有千斤重，我特别抗拒拨打陌生电话，怕被别人拒绝，结果自然是业绩垫底。

巧合的是，我毕业后的第一个岗位，就是坐在基层柜台后做销售，不仅每天要和客户打交道,更可怕的是还有各种指标带来的压力。

那时的我,最害怕的就是午休吃饭的时候,主管坐在我的旁边问:"上午出了多少单子?"每次我只能无奈地摇摇头。最后,我被调离了柜台。

从此在我的字典里,"销售"这两个字仿佛一辈子和我无缘。可是,我一直特别喜欢一句话:"你越崇拜什么,就会对什么自卑。"每次看到站在舞台上侃侃而谈的讲师,或者是业绩遥遥领先的销冠,我的内心总会充满羡慕和佩服之情。

难道我这辈子,真的和销售彻底无缘了吗?

→ 内向并不是无能的代名词

在这里,我特别想为"内向"正名:

内向≠无能

这个社会有两类人:一类善于团队合作、懂得与他人沟通,往往也因这样的优势而使得很多问题迎刃而解;另一类人则相对冷静、不善交际,常常一个人坐在角落埋头苦干。

这两类人其实并没有孰好孰坏,只是性格不同、思维方式存在着差异罢了。

内向者接收到来自外界的鼓舞和激励时,他们做出的回应常常不是外显的,因此大众往往会对他们产生误解,认为他们没有回应。

甚至在养育孩子方面,也存在着一种偏见,认为外向的人要比内向的更优秀。我们常常看见这样一些家长,发现自家孩子内向时,就会送他们去集体训练营,目的就是为了让孩子们变得更外向。可是,内向的孩子不好吗,内向的人就不优秀吗?

其实,内向型性格的人更喜欢对自己感兴趣的事做深入了解,他们不像外向型性格的人有着广泛的爱好,而是更倾向于把一项爱好做到极致。

作家鲁迅,也是一个性格内向的人,因为内向,他曾饱尝孤独。但也正因为内向,让他有更多时间沉浸在文字里面,可以更集中心力思考中国当时的现状,写出那些振聋发聩的文字。

《纽约时报》作家苏珊·凯恩,也是从小性格内向的人。但她专注思考和探寻,用整整7年时间写出了畅销书《安静:内向性格的竞争力》,并研究发现世界上约有三分之一到二分之一的人都是内向的。而内向的人更专注,更执着,更慢热,他们看起来不合群,但却是用自己的方式和这个世界相处。

亚里士多德曾说过:"自然万物,皆有奇迹。"每一片树叶都有它独特的绿意,每一片雪花都有它无二的晶莹,所以无须强求自己做出改变,每一种存在都有其宝贵的意义。

→ 成功者大多是性格内向者

根据美国的一个调查统计发现,在社会的成功人士当中,性格内向的人占比高达70%。不确定这一结论是否符合我国国情,但至少说明:内向性格的人,在事业上同样可以获得成就。

《哈利·波特》系列的作者J. K. 罗琳,就是出了名的内向者。她出生在一个中产家庭,父亲是飞机制造厂的管理层,母亲是一位实验室技术员。

罗琳出生后,重男轻女的父母对她大失所望,即使妹妹出生了,她也得不到父母的爱。加上小时候长得并不好看,脸上有雀斑,成绩也不算好,还常常受到校园霸凌。种种童年经历,让罗琳产生了深深的自卑感。

可是,她依旧凭着自己对古典文学写作的热爱和5年的坚守,把源源不断的灵感，变成细腻的文字和天马行空的故事，终于完成了第一本书《哈利·波特与魔法石》。在被出版社拒绝12次后，迎来了《哈利·波特与魔法石》的正式出版。

她曾经说过："我从6岁就开始写作，从未放弃。那天脑海萌生这个角色的时候，我的心情异常激动，想要赶快把它记录下来，可是因为太害羞了，竟连向其他乘客借支笔的勇气都没有。"

可罗琳依旧在全世界掀起了令人狂热的魔法风暴，《哈利·波特》成为一套销量超4.5亿本的系列童书，被翻译成73种语言、拍成8部电影。而且《哈利·波特与混血王子》的出版，又直接打破了吉尼斯世界记录的图书销售纪录。

而我自己，也曾因为不善言辞而感到深深的焦虑，总是看到别人在社群里聊得热火朝天，我却不知道该从何开口。直到我开始用自己喜欢的方式，通过输出内容吸引真正同频的人，我才明白：每个人都有自己的节奏，不用刻意去追逐或者讨好他人，按照自己的步伐走就好。

所以，无论你是内向型还是外向型，都不要在内心否定自己。因为内向并不是缺陷，也不需要改变。每一种性格都有它独特的魅力和价值。只要你用心去发掘自己的优势，就一定能够在这个世界上找到属于自己的位置。

内向的你也可以有丰富精彩的人生。因为真实的你，才是自己的最佳状态。

走近内向：内向不是性格缺陷而是优势

美国的心理学家、心理学博士、公众演讲家马蒂·奥尔森·兰妮，写过一本书名为《内向者优势》的书。

兰妮说她自己就是一个典型的内向者，时常觉得生活疲惫不堪，但是并没有因此放弃，而是通过不断学习，最终改变了自己的命运。

她在书中提到，每一个内向者都是一个待爆发的小宇宙，可以通过不断积蓄能量，将内在的优势凸显出来，让内向变成内秀，从而再变成内在源源不断的动力。

→ 内向的力量，让你焕然一新

神农祐树在《内向优势》一书中也说过："内向不是缺陷，而是一种与众不同的能力，充分发挥内向的优势，内向也可以成为强项。"

他自己就是一名内向性格咨询师，从小也经历过内向人的心路历程，也曾为内向而深感烦恼。在书中，他分析了内向者的大脑特征，有以下三个方面。

• 脑回路更长

内向者处理信息的大脑回路比外向者更长、更复杂。也是基于这一点，所以内向者往往会给人以"反应迟钝"的印象。这是因为他们在回答一个问题之前会仔细考虑，而不会像外向者那样脱口而出。

• 对多巴胺高度敏感

对于内向者而言，少量的多巴胺就能让他们"心满意足"，因此他们不必寻求太多刺激。这也是为什么内向者更喜欢独处，不喜欢社交的原因之一。因为刺激阈值低，所以内向者普遍不太喜欢向他人亲近。

• 副交感神经占主导地位

内向者的神经系统更偏向于副交感神经系统，所以他们往往遇事冷静，不容易兴奋，可以冷静地做出判断并进行下一步行动。但内向者往往也会因为深思熟虑，想得太多，而被人误会是反应迟钝。

研究人员还用核磁共振的方法研究外向和内向人群的大脑血流量，

发现内向的人额叶和前丘脑有更多的血液流动，而这两个区域则与事件回忆、制订计划和解决问题能力相关。外向者在前扣带回、颞叶和丘脑后部血流量较高，这几个区域与处理感觉信息有关。

内向的人更"看学"，在处理与学习、运动控制和危机相关的事件的时候，比外向者的处理速度更快。外向的人更"看脸"，他们的大脑在观看人脸照片时的反应比看花朵图片时的活动更加强烈。也许是这个原因让性格外向的人更喜欢聚会和社交。

在社交表达上，内向的人更有可能通过文字表达自己真实的想法和思路，而外向的人偏向于通过面对面的社交方式来表达自己的想法。

其实，这两种性格并不冲突，随着时间和阅历的增长，关注的事物不断改变，我们性格也会发生变化。

我们要做的就是，不断了解自己的性格特点和优势，提高自己在社会交往、日常生活和学习工作中的舒适度，从而提高幸福感。

→ 五大优势，别低估内向的人

"你这种性格长大要吃亏的。"小时候，我几乎是听着这句话长大的。

周围的长辈也总在说"内向性格是缺点，你要改变""内向性格在社会中不受欢迎……"

可是性格内向的人，往往在以下 5 个方面更有优势：

• 做事专注，更具洞察力

古语言："独往独来，是谓独有。独有之人，是之谓至贵。"

众所周知，村上春树是一个十分乐于享受孤独的人，他能在看似一成不变的独居生活中，找到专属于自己的乐趣，也因此写出了多部优秀精彩的文学作品。

他在《当我谈跑步时，我谈些什么》里面这样介绍自己："我这个人是那种喜爱独处的性情，或者说是那种不太以独处为苦的性情。每天有一两个小时跟谁都不交谈，独自跑步也罢，写文章也罢，我都不感到无聊。和与人一起做事相比，我更喜欢一个人默不作声地读书或全神贯注地听音乐。只需一个人做的事情，我可以想出许多来。"

其实内向性格的人，更具有洞察力，他们感受到的是一个高饱和度的世界，也懂得思考和总结，会在自己的领域专注做一件事，所以更容易获得成就。

那些旁人看起来孤寂的时光，却是他们人生增值的最好时期。

• **不随意评价他人，值得深交**

周国平先生说过："外倾性格的人容易得到很多朋友，但真朋友总是很少的。内倾者孤独，一旦获得朋友，往往是真的。"

电影《赌神》里有个身手不凡、枪法精准的保镖叫龙五，他平时话不多，但每次都会保护赌神走出险境，甚至会拿自己的全部身家去交给赌神，作为赌注。

他见证过赌神的辉煌，也见证过赌神的落魄，但关键时刻，他都会及时出现。他外表冷峻，枪法不凡，做事直截了当，言语和表情不多，却让人印象深刻。

所以，内向性格的人虽然不擅社交，不爱闲聊，但是在交友方面，他们会用心待人，一旦做出承诺，就会尽心去达成。在做事方面，属于少说多做型，值得信赖。他们追求的是真正高质量、稳定的社交关系，会真心实意和朋友相交。

• **善于思考，看待问题更深刻**

内向的人虽然话少，但他的内心世界很丰富，具有内才，而才不轻易外现，往往需要认真观察才能真正了解。

你会发现内向的人一般不轻易发言，但凡有一次机会便会语出惊人，说话一针见血，全在点子上；内向的人一般不喜欢说废话，会直抓问题的要害，从表面现象中洞察到事物的本质。

就像史蒂夫·乔布斯，他的内向并没有妨碍他在科技领域的发光发热。在独处时，他思索着如何让科技与艺术完美融合，最终创造出 iPod、iPhone 等震撼世界的产品。

内向者会通过深入的思考，让自己在纷繁的世界中游刃有余。他们分析事物的层次更加清晰，考虑问题更加谨慎严密，也更注重逻辑。

• 骨子里的执着，内在能量的迸发

好多伟大的艺术家、哲学家都是社交上的"低能儿"。因为内向的人，骨子里会对自己的梦想更加执着，想尽一切方法去实现。

他们虽然内向，但是能对事物保持积极客观的态度，善于分析自己的优势与劣势，有着清晰的人生目标。

数学家陈景润也曾因为不善言辞，站在讲台上紧张到无法流利地授课，又管不住调皮的学生，被学校给辞退了。后来在全国数学论文大会上，当他走到台前看到下面无数双注视着自己的眼睛时，再一次紧张得说不出话来。

由于陈景润太过投入在数学研究之中，又不喜欢与人交流沟通，令很多人对他产生了许多的误解。然而这一切，都没有阻碍他继续研究数学，没有阻碍他竭尽全力去证明哥德巴赫猜想，最终他取得了成功，被世人牢牢记住。

所以内向的人，骨子里会对自己的梦想更加执着，只是不轻易表达罢了。

• 出色的领导力，不一样的王者风范

与你认为的恰恰相反，内向的人可以成为很棒的领导者。因为内向的性情，才会让一个人知道如何尊重他人的需求，如何进行战略性思考，提出更有价值的建议。

内向的人往往在管理团队中,有一套自己的方法。就像安娜·埃莉诺·罗斯福[1]、罗莎·帕克斯[2]、莫罕达斯·卡拉姆昌德·甘地[3],这些伟大的领袖们,都把自己描述成内向、说话温柔甚至腼腆的人。

虽然站在万人瞩目的聚光灯下会显得无所适从,可是这并不影响他们舍我其谁的领导风范,也不会因为迎合他人的看法而处处侵蚀自己的想法,做出身不由己的行为,而这些恰恰是外向型领导者不具备的优势。

所以,不必有过多的焦虑,接受这样的自己,学会利用自身的性格优势,发挥独特的竞争力,一样可以让你的事业平步青云。

→ 内向者,如何发挥自身优势

性格研究专家凯恩,曾经在报道中说:比尔·盖茨再怎么锻炼社交技巧,也成不了克林顿总统;克林顿花再多时间摆弄电脑,也成不了比尔·盖茨。

每种性格都有适合发展的空间,只要有真才实干,就不怕怀才不遇。那么内向者,到底如何才能充分施展自身的优势呢?

• **用实际行动代替语言**

阿拉伯有句谚语说:"被行动证明的语言,才是最有力的语言。"

内向者可以多做些不需要说话的事,吃饭的时候主动多站起来几次,为别人倒茶;临别的时候最后离开,帮大家检查有没有遗漏的东西。

与其把心思放在琢磨和讨好上,不如好好做自己,用实际行动多帮

---

[1] 美国第32任总统富兰克林·罗斯福的妻子,曾为美国第一夫人。第二次世界大战后她出任美国首任驻联合国代表,并主导起草了联合国《世界人权宣言》。
[2] 美国黑人民权运动主义者,美国国会后来称她为"现代民权运动之母"。
[3] 印度民族解放运动的领导人,印度国民大会党领袖。

助别人，自然会提升他人对你的信任感。

• 提前准备，做到心中有数

内向者可以在面对一些陌生的场合与不熟悉的人时，提前做好准备，就能做到心中有数，不用担心自己因为不知道聊什么而烦恼了。

在《内向者的沟通圣经》这本书中，作者分享了一个帮助内向者建立优势的4P法则。简单来说就是：准备（preparation）、展示（presence）、推动（push）、练习（practice）。

其中第一步就是准备，因为在面对一个新事物、新场景或者陌生人时，大多数人都会或多或少有些不知所措，在内向者的身上就表现得更为明显。俗话说，不打无准备之仗。如果内向者能够提前做好充分的准备，那么底气自然就会变得不一样。

• 尝试换一种方式拒绝，关注自身感受

对于内向者来说，最不擅长的事就是直接拒绝别人。我自己就是因为这一点，经常在主业中被迫揽下最累最重的活，却不懂得拒绝。

要求一个内向者勇敢说不，是很大的挑战。其实，我们可以用"好的，但是……"来替代，这是一个相对委婉的拒绝方式。

比如有人想让你帮忙接下一份原本不属于你的工作任务，你就可以这样说："好的，但是我明天正好有个着急的会议，需要准备资料，真不凑巧……"而不用非得说："不行，我帮不了。"

对于内向者来说，总会下意识地往自己身上归因，哪怕有时根本不是自己的问题也会自责。其实你不必为了迎合别人特意委曲求全，应该更多地关注自己内心的感受。

• 成为专业领域的高手

在我看来，对于每一个内向者来说，与其逼迫自己成为一个千篇一律的外向的人，不如刻苦修炼，变成一个专业领域的高手。

我们大可以放眼四周，去观察每个公司、每个机构里，威望最高的人是谁？肯定不是最能说、最热闹的那个人，而是那种真正的业务权威。

他们中的很多人并不擅长职场关系，甚至情商都不怎么高。但这一点也不妨碍他们成为备受尊重的人。

张一鸣在评价马化腾时，提到了腾讯成功的核心原因就是，一个身价数百亿的CEO[①]，每天仍然像基层员工一样深入产品的每一个细节。

这种对产品的执着和热爱，使得腾讯从一个即时通信工具发展成了一个互联网帝国。马化腾的内向、务实和对产品的极致追求，让那些只看重表面的人错过了真正的重点。

- 找到兴趣开关，专注于扬长避短

布莱恩·利特尔曾经提出自由特质理论，他认为遗传因素和文化环境，给人们带来了某种性格特征和局限性，但我们可以在某些擅长的"个人优势项目"上超越这些局限。

有的人容易被故事和小说唤起兴趣，从而养成阅读习惯；但有的人更容易被纪录片所吸引，从而触碰到内心热爱的那根弦。

作为内向者，我们要找到自己的兴趣启动开关，发挥出与众不同的能力优势。不要强迫自己做不擅长的事情，而是学会扬长避短。

比如，内向的人心思细腻，会有很多向内的思考和探索，因此感受的精确性较高，同时还没有特别强烈的表达、展示自己的欲望，会更有耐心倾听对方，有较强的共情能力。在交往中不妨发扬这个优点，多倾听对方的述说，多关注对方的表达，多体会对方的感受和情绪。

所以，性格内向和外向本身并没有对错可言，希望我们每个人在职场和生活中，都可以不压抑本性，真正实现自我价值。

[①] CEO，即Chief Executive Officer，首席执行官，是在一个企业中负责日常事务的最高行政官员。

挑战自我：不擅长的事包裹着真正的成长

已故的稻盛和夫曾经说过："要想达成远大的目标，必须敢于挑战自己目前做不到的事。必须具备'无论如何都要成功'的毅力和干劲。"

所以，我们在设定新目标时，可以刻意超越自己目前的能力范围。要坚信现在看来似乎不可能达成的目标，在将来的某个时刻势必能够完成！

→ 选择的路口，我决定挑战自己

实习期间和刚毕业时的工作经历，让我对销售产生深深的恐惧。甚至觉得，也许我这辈子就适合坐在电脑旁敲击着键盘、安分守己、不用和别人交流的工作。

直到有一天，我在网上学习，一则广告映入眼帘：大型线上教育平台"轻课"（星辰教育的前身），在招募分销班长。无须付费，只要通过考核就能加入，每个月还能拥有一份额外的收入。

这时仿佛有两个小人，在我的身体里打架，一个在说："这不就是卖课吗？是你原先最害怕，最不擅长的！你肯定做不好！"

另一个在说："试试又何妨？反正没有任何损失。我就不信，内向的人就一辈子无法突破自己！"

认真思考过后，我坚定地填了报名表，决心突破自己的舒适圈，真正开始挑战自己。从此，我踏上了自己完全没有预料到的销冠之路。

一直很喜欢一句话："人生不妨大胆一点，反正只有一次。"

很多时候，我们习惯固守在自己画下的圆圈内，图一个安全舒适的空间。最后却发现，年年岁岁花相似，你还是原来的你，而那些敢于挑战自己的人，仿佛拥有了崭新的人生。

试想如果没有第一个吃螃蟹的人，可能我们到现在都失去了品尝这种美味的机会；如果没有第一个发明电灯的人，我们城市的夜晚又怎会灯火通明、五光十色？

所以，为什么我们要画地为牢，不去尝试新的人生挑战，不去证明自己的实力呢？

→ 做擅长的事，只会废掉一个人

曾经看过一句话，让我深有感触："人生没有不变的优势，过去成就你的，现在可能会毁掉你。"

其实这个时代变化很快，快到你曾经耗费时力积累的经验，时效性会越来越短，受用面会越来越窄。一个人如果只做擅长的事情，等待他的，只有被生活的列车远远抛在后面。

就像动作娴熟的收银员，可能会被智能扫码取代；拥有多年驾龄的老司机，路线储备量也敌不过手机导航。

当一个人的技能被固化，只能匹配本岗位，他的价值就会越来越低。

在时代的浪潮下，很多机构或一蹶不振，或就此消失。可是，新东方没有坐以待毙，在经过半年的实践后大胆尝试，终于摸索出一条独特的直播方式，东方甄选也因此爆火出圈。

在直播间里，教师们侃侃而谈：从莎士比亚十四行诗到世界地理，中英文自由切换，可谓信手拈来。

他们并不像其他人一样催促下单，而是在深夜聊奋斗的不易，聊生活的感悟。让很多人恍惚以为听课是主要的，买东西才是附加的。这种方式颠覆了以往的带货模式，满足了用户求知的欲望，自然赢得了消费者的青睐。

在副业的道路上，我觉得自己做得最正确的事，就是不断地挑战自己的舒适区，做不擅长的事。从极度内向者到挑战做销售、做讲师、做博主、做直播，我在一次次挑战中，收获了全新的自己。

所以，人总喜欢做自己擅长的事情，这是本能。但如果一个人能耐着性子做不擅长的事情，才是真正的本事。

→ 持续挑战自己，成就更好的你

玉不琢，不成器；人不学，不知义。人生就是一个不断学习成长、改变自我认知的过程。

只有经过持续的刻苦磨炼，才能最终实现梦想，成为更好的自己。

那么，如何做到持续不断地成长呢？我想分享以下3点：

• 在行动中修行，在修行中磨炼

刀在石上磨，人在事上练。不经历风雨，长不成大树；不受百炼，难以成钢。

不要害怕生活给你带来的痛楚，所有的挫折和苦难都只是为了成就更好的你。

从我创业开始，每年都会给自己定目标，用实际行动去探索自己未曾尝试过的领域，比如直播、短视频、演讲、心理学、天赋解读、美学等。这些都让我在实操中，不断积累和成长，因为既付出，必收获。

写书，也是我以前未曾想过的事。但是当我打定主意下狠功夫时，我得到的不仅仅是写作能力的提升，还有内心的笃定。

俗话说："人生最大的失败，就是不参与，只要参与了，不是学到就是得到。"凡事积极主动，在做事中修行，在修行中磨炼，你自然会变得所向披靡。

• 你能走多远，取决于你与谁同行

有时候，一个人短期内受到了他人的激发，感觉自己能量满满，可是一回到熟悉的环境中，整个人又会松懈下来，成长也跟着停滞了。

就像在严寒的冬天，靠近一只火炉，我们的身体就会变得很温暖，离开这个火炉，那份温暖和能量会保持一段时间，然后就会越来越弱。

人生，就是一个加减乘除的过程。所以，我们要远离不靠谱的人、不靠谱的事，免得为自己做了减法或除法；靠近正能量的人、正能量的事，争取为自己做加法和乘法。

你能走多远，取决于你与谁同行。古人有一句话，叫"盲人骑瞎马，夜半临深池"，如果我们要一个人孤零零地沿着这条大道走下去，真的太困难了。

所以，要主动接触正能量的圈子和伙伴。曾国藩说过："为人第一要义是交友，做事第一要义是恢宏。"选择和什么人在一起，至关重要。有的人能够不断激发你的斗志和信心，帮助你提升境界和格局，这才是真正的同行者。

• **以一种投资的心态，来看待人生**

很多人常常会有这样一个观念，觉得我们花出去的时间、耗费的精力、花费的金钱，就只是花掉了而已，并没有回报。

但其实这些从某种意义上来说，都是一种投资。投资行为最核心的特点，就是需要取得回报，并且最好是成倍的回报。

每个人都是自己的"人生投资者"。当我们把一个行为当成投资的时候，我们想的就不是尽可能地少花钱，而是思考花这笔钱是否能带来有价值的回报。

举个例子，如果你手上有100元，仅用来吃饭，回报就是吃饱，也许和20元没有什么两样。但是如果你用20元吃饭，剩下的钱去买一本书，给自己的家人买一束花，这个投资就是非常合算的。因为你获得了感情、知识、能力上的回报。

我们的时间精力也是一样，表面上看好像睡一觉就能恢复，没有什么成本。但你的时间过去不会再回来，一天的精力也是有限的，在一个资源丰富的时代，你要更加谨慎地投资你的时间精力。

时代发展越快，我们越要用投资的眼光看人生。重要的事情，值得花更多的时间去做，值得做得更好。

人生是一个不断变化的过程，唯一确定的事，就是不确定本身。要想持续获得成长，则需在背后，付出和积累超出常人的努力。用心丈量人生，用脚丈量世界，为自己树一座灯塔，便可照亮前行的道路！

找到热爱：唤醒你的内在力量

汪曾祺说过："一定要爱着点什么，恰似草木对光阴的钟情。"

人生苦短，尽情爱你想爱的人，做你喜欢的事！因为只有真正找到自己热爱的，才能达人所未达，探人所未知。用所有的热忱与执着，活出精彩的人生。

就像对于科比来说，"凌晨四点"不只是时间，而是梦想，是拼搏，是热爱，亦是信仰。他坚持不懈近三十年，终是活成了一束光，光芒万丈，也活成自己想要成为的模样。

所以唯有热爱，可抵漫长岁月。

→ **热爱，可以突破性格限制**

很多人称谷爱凌是"十项全能"，因为除了滑雪外，她还喜欢跑步、打篮球、踢足球、射箭、骑马、做体操、做瑜伽等，并且对于这些爱好，谷爱凌不仅仅是喜欢而已，而是都做得有模有样。

为什么谷爱凌能兼顾这么多事还精力十足？答案只有一个：热爱。

谷爱凌说过："我不是为了比奥运会而滑雪，也不是为了上斯坦福而学习。做这些事情，是因为我自己有对它的热爱。因为我喜欢做，然后顺便开始比赛，顺便开始赢，那就让我更喜欢它。"

热爱是点燃工作激情的火把，无论什么工作，只要全力以赴去做就能产生很大的成就感和自信心，而且会产生向下一个目标挑战的积极性。

当你真正热爱你所做的事情，就能排除万难，战胜恐惧。这个时候，对你而言，做某一件事不是一种折磨，不是一份单纯的工作，而是你的乐趣所在，完成以后也会非常有成就感。尤其是当你挑战了原本不可能做到的事，也会产生极强的自信心。

在我开始成为分销班长的第一个月，又遇见了原先最害怕的指标任务。当时的规定是，只要有一个月的业绩挂零，就会被取消资格。对于不擅长主动营销的我，无疑是一个天大的难题。

而且"雪上加霜"的是，当时的我为了证明自己，开启了一个全新的微信号，没有任何人脉，也没有资源积累，完全从零开始，我真的能够胜任吗？

→ 拉高动机，找到心中所爱

当时对于销售十分抗拒的我，怎样都无法鼓起勇气，主动开口向朋友推荐课程，眼看着考核的日子，一天天逼近。直到有一天，曾经和我一起学习的同学 L，突然跑来问我："最近在忙什么？"

我无意间提起，自己在学习一门英语课程，还和她顺带分享了学习后的真实感受和收获。没想到听完以后，她立马问我："是哪几门课？给我发个链接！"等我发完链接，不到 2 分钟，她就直接报名了。

这一刻，我终于实现了零的突破。而且更令我意想不到的是，一个多月以后，她又专程跑来告诉我，特别感谢我的推荐，因为课程对她帮助太大了！

我才发现销售的意义，是真心实意地帮助客户。

就像任正非曾说过："华为走到今天，是靠着对客户需求宗教般的信仰和敬畏，坚持把对客户的诚信做到极致。"

销售的本质，就是价值的交换。当你真正站在客户角度思考问题，而且能提供的价值远远超出产品本身，成交就是一件特别轻松的事。

这一刻，我的脑袋里突然闪过一个念头，未来，我不要做一个总是骚扰客户、让对方厌烦的销售，而是要真正成为一个能为别人提供价值、心里始终装着客户的人。

→ 利他的人生终将闪闪发光

就这样，本着真正能够帮到学员的初心，我在创业路上一路狂奔。从一个没有任何资源、人脉、背景的小白开始，通过不到半年的努力，多次登上了销冠的宝座。

更重要的是在整个过程，我没有私信打扰过一个学员，也没有因为业绩和提成，推荐过任何一款不适合他们的课程。

当时为了深度帮助学员，我经常会工作到凌晨，只要看到他们发来消息，我总会等到处理完毕才会放心休息。哪怕是吃饭的时候发现有学员在找我，也会毫不犹豫放下手中的碗筷秒回。这样的态度赢得了他们的一致好评，经常为我推荐客户，也因此收获了自己想都没想过的成绩。

不仅在销售榜上遥遥领先，平台还专门给我做了专访，我的故事被多个公众号刊登，受到很多人的关注和热议，连校长都对我夸赞不断。

但是我最享受的，是每次看到学员们因为我推荐的课程受益，在深耕英语的道路上真正拿到结果。

原来多用利他之心，不过多谋私心，用自己热爱的方式开启事业，你也会变得闪闪发光。

在这个时代，我们周围很多人都会这么说："我不知道自己的热爱是什么，到底怎么找，等我找到自己热爱的事情，再去行动。"

而我在这里特别想说一句，热爱的事永远不会自动从天上掉下来，你要做的就是先去行动，再在行动中发挥自己的能力，不断克服困难，最终你才会真正热爱它。

就像原本畏惧销售的我，也能挑战不擅长的事，找到属于自己的舞台，并且尽情施展。所以，直面挑战，发挥才能，克服挑战，获得反馈，继续攻克更高难度的挑战，才是一个正向循环。

亲爱的朋友们，热爱才是生活最好的底色，保持热爱，是生命最美的姿态。只要你愿意，我们都可以遇见全新的自己！

第三章

活出自我，
日日精进不停歇

曾国藩说过："诸弟每日自立课程，必须有日日不断之功。"

在喧嚣的人群中，我们的声音往往被淹没。但在孤独中，我们可以清晰地听见内心的声音，以及那些被忽略的渴望和梦想。

孤独给了我们空间去思考，去感受，去与自己对话。也是一种沉淀自我的过程，高质量的独处是心灵深处的满足和欢愉。

经历可以磨炼一个人的意志，孤独也可以成就一个人的才华。

真正有才华的人一定都是韬光养晦的，像没有经过提炼的金和未经雕琢的玉一样，虽然不耀人，但是靠着脚踏实地和勤学苦练，终有一日会释放出夺目的光芒。

所以，不管是做学问，还是做事业，都不可间断，应该像不断飘动的云和不停流动的水一样，每天都在不断前进，才能让自己拥有对抗一切变化的实力，任凭风浪起，稳坐钓鱼船。

勤连接：个人成长开跑第一步

你的圈子里，藏着你的未来。

如果你想像雄鹰一样翱翔天空，那你就要和群鹰一起飞翔，而不要与燕雀为伍。

如果你想像野狼一样驰骋大地,那就要和野狼群一起奔跑,而不能与鹿羊同行。

所以,不断升级你的社交圈子,才能给你的人生带来更多正向的引导。一个人只有择善而交,方能行稳致远。

→ 普通人开启成长快车道

商业哲学家吉米·罗恩曾在著名的"密友五次元理论"中提到:"一个人的财富和智慧,基本就是 5 个与之亲密交往朋友的平均值。"

有时候,如果你想要了解一个人,看他所处的圈子就够了。不得不说,一个良好的圈子,会时时刻刻托住你,让你一直向上奋进。

近朱者赤,近墨者黑。朋友的言行,会潜移默化地影响你。你在什么样的圈子,就会有什么样的人生。

有这样一个故事:有一只青蛙和一只蟾蜍,住在一个小池塘里,日日嬉戏玩耍,生活非常快乐。一天,青蛙跳出了池塘,来到了广阔的草地上。它看到了茂密的森林、高大的山峦、清澈的河流,以及各种各样的动植物。这一切都让青蛙感到陌生,但也充满了好奇和惊喜。

回到池塘后,青蛙激动地对蟾蜍说:"你无法想象外面的世界有多么广阔和美丽!池塘里的世界实在是太小了,我们应该去探索更多的地方。"

然而,蟾蜍怎么都不信青蛙的话,说道:"你一定是在说谎!我们的池塘是我们的家,外面怎么可能有那么多的东西呢?你别用这些谎话来骗我了。"

青蛙无可奈何,只能自己去探索外面的世界。他不仅结交了许多新的朋友,也增长了自己的见识。而蟾蜍只愿躲在自己的小池塘里,最终命丧蛇口。

正所谓"圈层改变人生，认知改变命运"。人生在世，不要总是局限在自己的一亩三分地里。我每年都会付费六位数，不断破圈，链接行业里厉害的前辈老师，报最贵的课程向他们贴身学习。我的收获远远超出自己的想象！

在副业的路上，如果光凭自己摸索，可能花几年时间还没有头绪，投入的时间成本反而更贵。而且付费是一种筛选，愿意花钱投资自己的朋友，一般来说都是经济实力尚可又勤奋努力的人，所以，更容易结交到优秀的朋友。

另外，我从中收获到的不仅仅是专业知识的提升，他们的一言一行也深深影响着我。记得有一次，我和DISC[①]社群主理人海峰老师连麦，本来是抱着学习请教的心态，没想到他一开场就在直播间极力推荐我的畅销书《文案破局》，这种利他的格局让我特别钦佩。

在我的文案IP弟子班群里，也有一个不成文的习惯，每位学员起床第一件事，就是在群里互发一个红包，道一声早安，开启能量满满的一天。因为正向积极的氛围会深深滋养一个人，也会决定他的性格、修养以及人生轨迹。

所以，你和谁在一起，暗藏了人生的格局！想要真正走上成长快车道，就要不停向上社交，结交更多优质的朋友。

→ 三大方法找到对的圈子

曾经在网上看到过这么一段话："和勤奋的人在一起，你不会懒惰；和积极的人在一起，你不会消沉；与智者同行，你会不同凡响；与高人为伍，你能登上巅峰。"

---

① DISC个性测验是国外企业广泛应用的一种人格测验，由24组描述个性特质的形容词构成。

一个成熟的成年人，都知道混圈子，而一个真正有远见的成年人，往往也会更懂得如何找到高级优质的圈子。

如果你还不知道怎么找到优质的圈子，在这里推荐一个方法：可以通过在各大平台搜索相关领域的内容，找到一些感兴趣的账号，通过观看他的作品，了解这个老师的背景和经历，判断是否和自己的价值观匹配，然后选择深度连接。

那么如何才能真正找到自己适合的圈子呢？

• 注重质量，而非数量

有句话说得好："鸟随鸾凤飞腾远，人伴贤良品自高。"意思是说，鸟跟着凤凰飞得才更远，你跟着优秀的人才会变得更优秀。

同时，很多人或许会有一个误解，就是老觉得朋友多，路就一定好走。但在这个快节奏的时代，人人都很忙碌，在我看来优质的圈子贵在于"精"。

我自己也曾经四处疯狂报课，同一时间加入了无数圈子，可最后忙得完全来不及看群消息，只是徒增疲惫和焦虑而已。

只有根据自己的定位和需要去找到合适的圈子，才能真正混出价值。现在的我，每年都会付费加入一两个创业、个人品牌打造、演讲、心理学等相关的优质圈子，一来不断精进自己，学习一些自己感兴趣的专业知识，二来可以在群里结交更多想要提升自己并且志同道合的朋友。

所以，与其执迷于数量，不如把目光聚焦在质量上，精挑细选出真正适合自己的优质圈子，会让你更快找到成事之道。

• 怀抱谦卑之心，凝聚力量

阿里巴巴创始人有18罗汉，京东也有7个创始人，可见，成功从来不是势单力薄的独行，而是要依靠连接力，才能走得更久更远。聚财先聚人，成事先成人，得人心者得天下。

在任何圈子里，无论面对成功人士还是普通人，都应该以平和之心去相处,遇到比自己优秀的人虚心学习,遇到不如自己的人主动帮助,怀抱谦卑之心广结善缘,我们未来的路自然会走得更顺畅。

被封为"一等勇毅侯"的晚清重臣曾国藩,不仅自己实现了建功立业的人生抱负,更是靠着谦卑之心,传承良好家风,让曾氏后人克勤克俭、人才辈出,续写了百年望族的传奇。曾国藩的谦卑,体现在他为学、为人、为官、为业的方方面面。他是一个平易近人、乐道人善、真诚谦和的人。

他曾说过:"天下古今之庸人,皆以一'惰'字致败。天下古今之才人,皆以一'傲'字致败。"

仔细观察便会发现,一些有天分的人,都会输在一个"傲"字上。因为有才,所以有恃才傲物的资本。他们从小生活在光环之下,对待旁人难免没有那么恭谨。众星捧月的成长环境让他们难免锋芒毕露。

年少的曾国藩非常愚笨,秀才六考不中,23岁时才考取,还是排名倒数第二。而左宗棠在14岁就考取秀才,全县第一。两人共事,左宗棠总是瞧不起这个提携自己的人,言语之中不甚恭敬。但是曾国藩却总是一笑置之。

后来,左宗棠收复新疆的时候,最担心曾国藩不给他足额的粮草,坏了他的大事。然而,所有督抚中,只有曾国藩给他的粮草足额又及时。

左宗棠彻底服了曾国藩。在曾国藩去世后,左宗棠写了一副对联:"知人之明,谋国之忠,自愧不如元辅;同心若金,攻错若石,相期无负平生。"

所以,谦逊是一种修养,更是一种智慧。谦逊低调的曾国藩正是凭借这一点,赢得了同僚的好感,攒下了大量的人脉。这也是他后来成为一代名臣的基础。

那些怀有真诚谦卑之心的人,能吸取别人身上的优点和长处来提升自己,同时拉近自己与他人之间的关系。对万事万物心存敬畏和谦卑之心,这才是真正的成功之道。

• **把自己活成圈子，就是最好的破圈**

人最高级的圈子，是成就自己。杜甫曾说："在山泉水清，出山泉水浊。"说白了就是，泉水在山眼里是清澈的，但流出山体之后就变浑浊了。人也是这般，进入不同的圈子，往往就会拥有不同的人生。

不过我们终将明白，每个人最高级的圈子，其实是不断提升自己，以致更多人为你而来。如果你想在你的行业里做得与众不同，最好的方法就是放弃无效社交，多读书，多学习，用专业度和价值吸引同频的人。

近几年来，我把原本混圈子的大部分时间，都拿来专注自身学习和成长。我戒掉了短视频，不再追剧，拒绝无用社交，而是认真生活；下班后努力学习，不断提升自己的商业认知；深耕一技之长，培养兴趣爱好，积极向上社交。如今，反而发现周围会有越来越多优秀的伙伴，主动来结交我。

所以，真正的破圈意味着向上发展，而社交的本质是价值交换。如果你想要吸引牛人的关注，就必须先让自己变得有价值，这种时候建立的联系才是真正有意义的。深耕自己，就是最好的破圈。

→ 如何在高手圈子里成长

有位作家曾经说过："投资人脉的最优方式就是在要去的方向，提前帮助你未来的贵人。"

圈子对于我们的影响是潜移默化的，在积极的圈子里，我们能够接触到优秀的思想和行为方式，激发我们的潜力和创造力，也会鼓励我们不断地学习和成长，让我们变得更加自信和有成就感。

那么，应该如何在高手的圈子里学习成长呢？

• **常交流多互动，从智慧中获得启迪**

身处对的圈子，我们不仅能受益于正能量的影响，更能够从他人的智慧中获得启迪。生活中有很多看似简单却深刻的道理，往往隐藏在我们的朋友圈或者行业圈之中。

而社群，就是一个非常好的结交高手的地方。

因此，我们要勇敢在群里发声，拒绝潜水。当你试着和群友主动交流信息时，就会发现自己的信息差和认知正被一点点补齐。

以前，我也是一个社群小透明，性格内向的我几乎从不在群里面发言。可是，当我付费六位数，不断破圈成长，看到了更优秀的伙伴，每天都在积极地分享交流。我开始一点点打开自己，主动申请成为群运营，并且尝试着在群里反馈自己的想法，还主动带着我的组员们共同学习探讨。从此，我有了不一样的全新体验，也被更多人看见和认可。

"云咖啡"也是时下盛行的社群交友方式，其实就是线上比较放松的约聊。我们可以在通话中与他人交流和学习经验，这样就能站在巨人的肩膀上，看得更远。还记得当我想开拓自媒体的时候，就在一个付费社群里结识了很多小红书达人，向他们请教了不少经验。要知道有时候过来人的一句话，可能胜过我们独自摸索一年。

所以，借助他人的经验和智慧，可以避免我们走弯路，同时加速成长的步伐。如同一位成功人士所说的那样："在正确的圈子里，你可以少走很多弯路，因为别人已经为你走过了。"

• 被裹挟着进步，从氛围中汲取力量

有一句话说得好："走得快的是腿，走得远的是心。"在正确的圈子中，我们的心灵可以得到充分滋养，从而更加坚定地走向成功。

一个成功的圈子，往往是由一群有着共同目标的人组成的。在这个圈子里，我们可以相互激励，相互支持，共同进步。成功是一种态度，也是一种习惯。

要知道，一个人自学和一群人共同学习的效率是不一样的。一个人自学，不仅需要你热爱学习，还要有极强的自我管理能力与自律性。

而学习是一个漫长的过程，在大部分情况下，它很难给我们即时的反馈。可是加入社群学习，我们可以互相讨论、交流，在思维碰撞中会产生很多意外收获，受到鞭策，进而能够产生持续学习的动力。

在与一群人共同学习的过程中，个人的自学能力也会不断提升，进而进化成一种习惯，即使一个人也能完成学习任务。要知道成功的路上并不拥挤，因为坚持的人并不多。

我曾经带着学员们，多次发起日更自媒体21天的挑战赛，我发现平时一个人也许会犯懒，但是在这样的环境下，彼此互相鼓励，一起全力冲刺终点，养成坚持的好习惯，这自然是带动的结果。

所以，在一个成功的圈子里，积极的态度会在每个人心中不知不觉传递，良好的习惯也会成为彼此共同的生活方式。这种氛围，就如同一股强大的推动力，让我们在人生的舞台上奋勇争先、一往无前。

- 彼此成就，从人脉中获得价值

成功的圈子还是一种资源的聚集地。在这个圈子中，我们能够借助集体的力量，共同攻克难关，实现自己的目标。也许你会从中收获资源、收获友谊、收获新的合作机会等。

美国心理学博士亨利·克劳德说过："优质关系中的每个人都在进步。"也就是说，不断优化的人脉圈，需要身处其中的每个人都能从中获得收益。你能为他人做什么，决定了他人愿意为你做什么。你能帮助自己的朋友变得更强，也就是在间接地让自己的人脉变得更强。

所以在我看来，人脉真正的核心不是"求人"，而是"助人"。

我自己刚开始在线上探索副业的时候，第一份工作就是给英语老师当助教，这是我自己主动要求的。虽然每天的任务比较琐碎，也没有任何报酬，但是在这个过程中，我学到了很多社群运营和教学技巧，也结识了很多优秀的想要做副业的伙伴，对我后来自己做课程交付，有很大的帮助。

在这个过程中，我深深感受到：主动付出，是解决问题的黄金法则。

主动付出能够有效地促进社群成员达成共同的目标，并且给自己留下一个好的口碑。同时，积极参与、无私贡献、协助他人等行为也会给我们带来更大的价值和影响力。

其实拓展人脉网络的过程就像滚雪球，当你积累了足够的名声和口碑时，就会自带传播属性，你的人脉关系也会像"滚雪球"般迅速膨胀起来。而所有机会，都是在行动中获得的。

我一直觉得，社群的本质是提供一种关系"链接"。所以，当你完成了社群的破冰、吸引等构建动作以后，自然而然就会与社群之间形成相对来说比较稳定的关系，但是这种关系不是针对某一个人，而是你在这个社群中和大家一起共建的，需要每个人的积极参与。

而人脉并不是一条绳索，并非越长越好；它是一张网，连接点越多才更结实有效。一直很喜欢一句话："圈子与能力，是两个相辅相成的东西，没有谁比谁更重要。"

进了高质量的圈子，能力的提升就会变快；能力强了，圈子也会越来越优质。想要成为一个博学的人，就要深耕知识，才有资格和知识渊博的人对话；想要成为一个行业精英，就要多花时间提升专业能力，才有机会得到更多的业界认可！

贾平凹在《游戏人间》里写道："你所处的圈子其实就是你人生的世界，代表了你的审美和生活层次。不愿跳出这种舒适圈的人，你的人生会在安逸中，和别人的差距越拉越大。"成年人最大的自律，就是不在低层次的圈子自我消耗。

清华大学教授李稻葵教授曾经讲过一个故事：20世纪80年代，他的一位朋友很喜欢金融，一心想从事与金融相关的工作。可却不认识金融圈的人，那么如何才能进入金融"圈子"呢？

他思索了很久，最后找到了突破的方法——每周末都坐公交车去当地的金融街学习，在那里浏览并记下各家公司的相关信息。没过多久，真有一家金融公司看中了他。5年后他实现成功跃迁，成为某知名投资银行的亚太部总管。

所以，圈子升级了，随之而来的便是自我价值的提升。优化圈子，就是优化你的人生；你的圈子，决定了你的后半生。

无论何时，经营人脉绝不是什么拜高踩低的厚黑学，而是真正相信每个人都有特长，同时也真正相信自己能为他人带来价值。学会主动、真诚、利他，永远是万能的吸引力。因为得贵人提携最好的办法，就是一直让自己成为别人的"贵人"。

> **小试牛刀**
>
> ①请拿出一张纸，画出3栏，梳理你目前人际关系的圈子清单。盘点哪些圈子是适合自己的，哪些圈子又是目前缺乏的。
> 参照格式：圈子名称+成员背景+自身的收获。
> 建议定期做这项梳理，如每半年/每年。
> ②结合本章内容，你觉得在社群里应该如何与他人交往，才能既展现自身价值又帮助到对方？写出可在3个月内实践的2~3点。

抢时间：多次翻转复用产效能

创业9年多，我被问得最多的一个问题就是："你是如何管理时间的？"其实老天爷是公平的，我们每个人的一天都有且仅有24个小时，除去休息和进食以及各类生理需要的时间，剩余的时间要么花在工作上，要么就是被自己浪费了。

很多东西都可以重新来过，但是时间是唯一不可以重来的。

所以，如何做好时间管理，提高工作效率，是每个创业者必须掌握的技能之一。

→ 努力为何被时间所吞噬

还记得某节课上，老师曾经拿出一个容器，先往里面放大石头，再放小石头，最后放沙，以此来提醒同学们合理分配时间的重要性。

鲁迅先生也说过："时间就像海绵里的水。"有人曾质疑，时间它到底存在与否？你看不见它，而我们的一切貌似都和时间撕扯不清。

随着网络科技的发展，手机、电脑全面地普及，作为上班一族，每天的日常生活时间已经被工作侵占得无孔不入。

有人在结婚的婚礼间隙，还需要抽时间开公司团队的视频会议。有人在晚上回到家后，还要接受领导临时安排的工作，工作到深夜。更别提开启副业了，连正儿八经属于自己的时间都没有。

其实掐指一算，大多数人上班时间是8小时，通勤和吃饭洗澡的时间大约是3个小时，睡觉时间8个小时。剩下能自己支配的时间大概是5个小时左右。

5小时的时间算少吗？其实并不少。如果遇到周末，那一天就有十几个小时。

可是很多人在做副业的时候，会突然闹一下情绪，美其名曰是调整状态。会在还没做的时候就去想，做这个到底有没有效果？万一没效果怎么办？然后，停下手头的事不断去猜想、推断、找验证的方法，因此而花上个把小时。

又或者打开抖音想要休息一下，可是一刷就是几个小时过去了。其实，你未来的样子正是由当下的你决定的。你的努力，时间都看得见。

我自己给副业定的目标是每天保持输出 8~10 条朋友圈文案，运营 3 个小红书账号，每年写 2 本书，同时手把手带好付费学员，甚至是秒回他们的信息，还能兼顾带娃和照顾家人。

刚开始的时候，也会因为时间不够用而感到特别焦虑，后来渐渐摸索出一套独家秘籍。

→ 我的五大时间管理技巧

现代管理学之父彼得·德鲁克，早已给出了时间管理的终极答案："所有的管理，核心都是自我管理，而自我管理的核心，是时间管理。"

在这个信息如潮又惜时如金的时代，谁先掌握了时间管理的秘诀，谁就拥有了对工作和生活的主动权。

下面就整理了 5 个我自己一直在用的时间管理方法，也邀请你一起实践起来，一起成为高效能人士，让你的工作和生活发生翻天覆地的变化。

- **少即是多，做最必要的事情**

对于大多数人而言，这种"既要、又要、还要"全面开花的情况实在罕见。

因为时间管理的核心，还是在做取舍，做减法而非做加法。

我在创业路上，一直信奉做最必要的事。当其他同行在拍视频、做直播的时候，我通过深耕朋友圈文案和做小红书图文笔记相结合，轻松实现了流量和转化的闭环。而且我的这套打法省时省力，也取得了不错的效果。

一篇文章发出去以后，24 个小时都能被读者看见，甚至半夜还会成交陌生客户，这才是我们终年无休的自动销售员。

• 要事优先，高效的关键

所谓要事优先，就是始终把最重要的事放在第一位。只要你牢记这个原则，就算在一天当中不断地被琐事干扰，也会及时"迷途知返"，很快回到重要的事情上来。

就像我自己每天早上吃完早饭，第一件事就是开始写朋友圈文案，已经坚持了1300多天。作为一名文案老师，高质量的日更朋友圈文案被列为我的第一要务。而当我先把最重要的事完成，再去做其他的事，比如，给学员上课，辅导他们完成作业，心里就会很踏实，不会担心因为突发情况，而耽误了正事。

能够确保要事优先，我们的工作和生活才会远离主次不分和眉毛胡子一把抓，从而变得越来越从容，越来越高效，既定任务很难再落空，单位时间内创造的价值会更高，心理上的焦虑和烦躁也会离得越来越远。

• 合理规划，事半功倍

还记得小学课本上有类似这样的内容：如果烧水需要20分钟，吃饭需要15分钟，洗脸刷牙需要5分钟，这样早上一共要花多长时间做完这些事情？

简单加起来的答案是40分钟，但如果我们在烧水的时间同时洗脸刷牙、吃饭，其实早上只需要20分钟即可。

因此做好规划，真的能让我们省时间！

分享一个小技巧，我会把时间分为4个部分：整块时间、零碎时间、固定时间和弹性时间。每天第一件事，就是做好规划，把自己当日的待办任务清单填到对应的时间区块里。

比如，大块时间用来大量阅读与自己专业有关的书籍并查阅相关资料，以开拓思维，丰富自己的知识面。

值得一提的是，"一日之计在于晨"，在这个时候人的思维处于兴奋状态，头脑清醒，因而把早晨的时间用来学习，或者用来做一些重要的思考是十分适宜的，就像我每天早晨会把时间用来专注输出朋友圈文案和自媒体文章上，保证至少日更 2000 字。

零碎时间看起来好像不太重要，但是可以把那些小块时间充分利用起来，以很少的时间来做一些学习中的小事，比如我在等车的时候，会随手刷一下小红书，记录自己比较有感觉的标题和内容，随手搭建素材库。

固定时间是指根据自己的习惯或生物钟，在某个时段内把任务固定下来，长此以往形成规律。拿我自己来说，每次给学员上课都是晚上 9 点准时开始，一来这个时间点孩子睡了，有更安静的环境，不容易受打扰，二来有规律的时间安排也能让学员更好地参与进来。

弹性时间是指那些可以自由控制和安排的时间。我们可以在待办事项完成两三项之后，安排一个弹性时间，一方面可用来弥补以前还没有做完的事情，或是留作中途被干扰、打断以后的调节时间，另一方面可用来休息缓冲，张弛有度。弹性时间不能够太长，10 分钟甚至 20 分钟是比较适当的。

另外有一点很重要，就是制订计划的时候，一定要把任务写得尽可能"量化"。我们希望自己完成的不应该是状态，而是一个具体的目标，所以这里就需要将目标进行量化，方便更好执行。比如你想在过年期间减肥，那么我们要做的不是写下"我要减肥"，而是具体描述通过什么方式减肥。是一天跑 5 千米、跳 1000 个绳，还是控制摄入量，保证只吃三餐，不吃额外的零食和甜品？

综上，规划时间应该建立在你对时间已经有感知的基础上，提前安排好什么时候做什么事，让自己变得更加有序。

- 争分夺秒，充分利用暗时间

有位作家曾经提过一个概念：暗时间。这是指那些没有产生直接成果的时间，比如，走路、坐车、排队时所花费的时间。在这些等待的过程中，其实我们可以做很多事。

我自己一直有在通勤路上收听课程的习惯，而且坚持了8年。从早期学英语，到后来学文案、演讲、心理学、自媒体和个人品牌创业，一路走来让我收获颇丰。别小瞧这些零散时间，可能微不足道，但倘若能充分利用起来，就可以在有限的时间内完成更多任务。

那些善于利用暗时间的人，可以无形中比别人多出很多时间，从而实际意义上能比别人多活很多年。

- 随手记录，用好零存整取

爱迪生说过："天才是百分之一的灵感，百分之九十九的汗水。"想做成一件事，既要持之以恒地付出，也要把握灵机一动的瞬间。

灵感转瞬即逝，如果不及时记录和捕捉，事后就很难再想起。曾经有好几次临睡前，我想好了第二天的朋友圈素材，可是早上起床的时候，发现居然忘得一干二净。所以后来，每当有灵感涌上心头，我就会用文字或者直接拍照记录下来，一旦留下了印记，灵感就能复现，生活也会变得饱满和充实。

在我写第一本书《文案破局》时，只用了短短一周的时间就完成了初稿，很多读者知道后都觉得不可思议，其实也是用了这个随手记录的方法。我会定期做好课程讲义、分享稿、学习笔记的日常整理和归档，需要用的时候及时调取就会事半功倍。

当我们的思绪汩汩流淌时，唯有养成随手记录的好习惯，才能创造出更多奇迹。而那些被记录的小小趣事、心情感受，都是你未来日子里一笔宝贵的精神财富。

这其实跟存钱的思路是一样的，零存整取。每次存好一点点，做好分类和打标，日积月累，聚沙成塔的效果会大大超乎我们的想象。

时间管理是一种习惯，更是一种生活方式。在这个快节奏的现代社会中，时间对于每个人都是宝贵且有限的资源，特别是想要平衡主副业的创业者们。

而本节提到的有效时间管理方法，做最必要的事情，要事第一，合理规划，利用暗时间，零存整取思维，都可以帮助我们更好地组织和规划生活，从而快速实现我们的目标，期待你可以在日常生活中多多践行。因为我们对时间的态度里，藏着我们的未来。

→ 被管理的其实是你自己

在生活中，我们常会遇到一种现象：明明应该全身心投入工作中，但又不自觉地想要放松一下。

偷懒和拖延，仿佛是人类的天性。在我开启文案创业以来，发现日更朋友圈，看起来不是一件难事，但是真正坚持下来的人，其实并不多。

记得当时一起学习文案写作的社群，有90位同学，可最后只有我，能够保持1000天以上日更。

管理时间的意义，就是管理自己未来的样子。

- **自律不够，他律来凑**

曾经看过一个实验：安排两组工作人员，完成同一项任务。其中一组，被安排在密闭的房间工作，没人监督。另一组，被安排在有透明玻璃的房间，随时有人能看到他们的情况。

结果发现没人监督的那组，工作时经常磨蹭；而有人监督的那组，几乎都在全身心地工作，效率也相对更高。

因此，如果你无法持续自律，可以尝试通过社群打卡等方式，让别人督促自己，通过彼此监督，实现共同成长。终有一天，你会变得强大而自由。

• 5分钟法则，有效治疗拖延症

有人说："拖延症，是当代人的精神癌症。"有调查显示：大约80%的大学生和86%的职场人，都患有一定程度的拖延症。在截止日期前，他们总是不愿开始行动。这样做不仅容易误事，还会给自己制造焦虑。

有句话说："拖延是一段长长的痛苦，但如果你咬牙开始，或许只需要痛苦那一下。"所以，加拿大卡尔顿大学拖延心理学研究小组发现并且创立了一个理论，"5分钟法则"，可以非常有效地治疗拖延症。

也就当你决定做一件事时，什么都不要想，先投入5分钟开始执行。刚开始，可能会感到很煎熬。但5分钟过后，你会发现，原来那些想象中的困难，并非坚不可摧。

我在带学员的过程中，也经常会鼓励他们先行动，与其把时间浪费在空想上，不如直接开干，行动是治愈一切焦虑的良药。

你会发现凡事只要先开个头，就能更好地摆脱拖延症。长此以往，你就会真正成为行动的巨人。

• 深度聚焦，一次只做一件事

很多时候我们都会为了追求效率，而在同一时间做好几件事情，如果能同时完成，那一定会给我们百倍的信心。

但可惜，那大多只是一时兴起的雄心壮志，更多时候，我们需要承受完成不了计划的自责和懊悔。

我以前常常会因为焦虑，给自己列出很多计划，但无法完成时的低落情绪，总会纠缠我很长一段时间，反复陷入否定自己的状态。

直到后来，我选择深度聚焦，一个月只围绕一个大目标进行学习，比如深耕文案以后，第一个月，聚焦文案写作，每天花时间抄、改、练，暂时放下手中的其他事；第二个月，集中练习演讲，通过参加演讲比赛，克服自己内心的紧张，踏实提升表达力；第三个月，聚焦打磨输出能力，选择日更朋友圈和公众号,进一步夯实自己的文字功底。在这样的安排下,我每个月都能保持能量满满,状态起飞!

人生最重要的只有一件事。纵观那些情绪稳定的人,都能保持高度的专注力,只完成好手中的这一件事。

• 逐层加码,给自己留余地

以"自律"闻名的曾国藩,并不提倡"过度坚持",或是一定要用超强意志力来维持高强度的专心。他经常在信里提醒自己的同僚,不要在一开始就给自己过度的压力。

急于改变自己的你,如果从一开始就直接坐在电脑前花七八个小时做副业,那一定是很痛苦的,而且很容易疲惫。可以一开始给自己设定副业时间为每天2个小时,适应半个月,再慢慢加码。

我做副业时,刚开始对自己的要求是每天完成5条朋友圈文案,因为那时一条文案要写上足足三四个小时。等到熟悉以后,速度自然提升了,开始慢慢加到8~10条。再后来驾轻就熟后,又给自己加码,日更自媒体平台,这种循序渐进的过程更容易让人坚持。

"未习劳苦者,由渐而习,则日变月化。"所以,我们只需要每天劳苦一点点,慢慢加码就好了。

• 从心出发,副业不是压力而是动力

创业9年,也看过周围很多人满怀雄心壮志准备大展拳脚,可是没多久又会销声匿迹。为什么总会碰到这样的情况?

往往是因为,他们并没有在副业中找到快乐。

如果我们选择做副业,并不只是为了赚钱,更是为了另一次选择事业的机会,另一片展现自我的天地。那么,你的任何一个兴趣特长,其实都有机会发展成副业。

热爱音乐,可以尝试词曲作品投稿。

热爱写作，可以先从新媒体写作做起。

爱刷视频，可以试试短视频拍摄或者脚本创作。

喜欢画画，可以接单头像绘制。

当你做着自己感兴趣的事，又能赚到钱，简直是人生最幸福的事了，根本不会觉得辛苦。唯有热爱，才能抵过岁月漫长。唯有被漫长时间所洗刷依旧持续深耕，才能收获内在富足。

所以从此刻起，让我们一起挖掘时间的富矿，开启一份喜欢的副业，让剩余时间创造更多价值。请相信：自律能给你自由，自律也能使你富有！

> **小试牛刀**
>
> ① 在平日里你是如何安排自己的"暗时间"的？可以举一个具体例子吗？
>
> ② 读完本节，你准备对自己的时间管理做哪些调整？说说你的理由。

不服输：拼尽全力才能被记住

"这太难了，你不可能做到的。"

"这不适合你，还是尽早放弃吧。"

这些话，我们每个人或多或少都听过。在嘲笑和讥讽面前，对于那些看似遥不可及的梦想，难道我们只能选择放弃吗？

老布什在自己 90 岁高龄时，还用高空跳伞的方式庆祝生日，他说："只要心中有梦想，就应当积极付诸行动，做自己想做的事情。"

或许你一开始并不被看好，但只要你始终保持想赢的心态，绝不认输，一切都有可能实现！

→ 一旦决定就请全力以赴

曾经有一位优秀的女企业家（也是一名学者）说过，她曾经研究了很多超越平凡、成就伟大事业的人，发现都有一个共同点：拥有强烈的成功欲望，以及不能成就一番事业的强烈痛苦。

在副业上拿到销冠的荣誉后，我并没有因此停下努力奋斗的脚步，而是开始重新思考人生的意义。

当时，我团队里的小伙伴很多都是副业小白，没有人脉，没有技能，也没有影响力，纯分销卖课的形式很快就遇到了瓶颈。而且更令人发愁的是，万一没有了平台，我们又该何去何从？

从那一刻开始，我萌生了一个想法，这辈子给自己打工才是长久之计，去学习一个可以真正使自己不断成长、不断增值的技能，带着信任我的人，成为自己命运的掌舵人。

一个机缘巧合，我接触到文案，亲眼见证仅仅通过几个字词的改动化腐朽为神奇的魔力。也看到很多厉害的营销大师，通过一篇文案，就能轻松影响上万人。

因为无论是文章还是社交媒体，又或者是重要场合的交流表达，文案写作能力都可以帮助我们更好地传递自己的价值观，从而提升个人品牌的认可度和影响力。

我意识到文案四两拨千斤的高杠杆作用，而且文案的应用场景极广，无论是主业还是副业，都是离财富和影响力最近的"一公里"。

此外，文案的魅力正如一束光，或折射社会现实与文化肌理，或探照人心幽微之处，以精准洞察见长，照进每个人的灵魂深处。

于是，我踏上了文案创业之路，即使周围很多和我同时开启副业的伙伴，都因为种种原因放弃或者搁置了，但我一直坚定地走在这条路上。而且从来没有因为任何原因动摇过，去尝试其他的定位或者产品。我相信心有热爱，把文案事业进行到底，即使平凡的日子也会泛着使命之光！

在职场中，我们也会看见有的人频繁跳槽，或者在副业的道路上浅尝辄止，然后再开始下一个计划，循环往复，最后又会不了了之。

一棵大树的树冠有多大，树根就会有多庞大，树有多高，树根就有多深。没有强大的树根，支撑不起参天大树。一个行业里的精英，也就是一棵大树。我们看到的是他的成绩，却没有看到他始终在不停"扎根"。而只有努力向下扎根，你的人生才能最终成功。

→ 三个方法练就强者思维

什么是强者思维？强者思维是一种积极主动、敢于直面人生的挑战、解决问题和追求卓越的思维方式。这类人通常目标明确，意志坚定，积极主动，并且有超强的自我管理能力。

影响一个人财富最关键的，就是他的思维模式，也是人与人产生差异的重要因素。《活出生命的意义》中说道："一个人无论在什么样的环境下，只要知道为什么而活，就能够生存下去。"

- 培养成长型思维

美国心理学家卡罗尔·德韦克在其著作《终身成长》中，把人的思维模式主要分为两种，一种是固定型，另外一种是成长型。

拥有固定型思维模式的人，会消极地认为每个人的天赋和才能都是一成不变的，因为天赋不佳，所以他们根本不能自主掌控人生，一旦遇到挑战或是事情发展得并没有预想中的那么顺利时，他们就会被扑面而来的无力感所冲垮。

而拥有成长型思维的人则截然相反，他们会认为每个人都能够通过后天的努力，得到自己想要的东西。当事情发展不那么顺利的时候，他们也能够以满怀热情的状态来提升自我，相信自己可以冲破阻碍。

很多体育冠军都拥有成长型思维，当他们面对挫折和困难时，从不会想到放弃，相反会不断完善自己，最终成功登上世界舞台。

比如，拳击运动员穆罕默德·阿里，在身材上完全不具备体格和力量优势，但他的速度很快，打拳也不按套路出牌，非但不用手臂和肘部阻挡对手的攻击，还时常把下巴暴露在外面。

在阿里拳击生涯最著名的一场比赛中，对手索尼·利斯顿是个天生的拳击手，拥有传奇般的力量，阿里能击败他简直是不可思议。人们本以为这场比赛根本没有悬念，因为两者之间的差距非常大，因此观众席上座率只有一半左右。然而，除了矫健敏捷的步伐，阿里的过人之处还在于他的头脑——是思维，而不是肌肉。

阿里用战术和策略弥补了身体上的弱势，最终战胜了利斯顿，也创造了拳击史上的奇迹。所以，一切胜利最终都来自头脑。

- **敢于直面挑战，不断突破成长卡点**

一个人是否敢于接受挑战、是否有所作为，直接反映出他的敬业精神和职业素养，并决定他日后所能达到的高度。

勇于接受挑战是一种责任，也是一种能力，更是一种魄力。

还记得我第一次尝试做线上直播的时候，鼓起勇气，在两个星期前就早早地把直播海报发到了朋友圈。结果从此过上了担惊受怕的日子，天天害怕自己会搞砸。

于是，我开始一遍遍地模拟演练，上班路上、下班路上、晚上睡觉前，一有时间就会把自己准备的内容拿出来练习。

等到正式开播那一天，当我瑟瑟发抖地按了"开始"键，发现一切远远没有自己想象中那么可怕。不仅越讲越兴奋，还有几百位陌生伙伴当场连线我,并夸赞我讲得非常精彩,游刃有余,根本看不出是第一次直播。

现在想来,无比感谢当初的自己,选择勇敢接受挑战,才能真正突破心理障碍,发挥无限的潜能。

所以,当你勇于接受挑战,为人生创造更多有意义的经历,就会发现未来的一切看起来都充满着勃勃生机。

• 但行好事,莫问前程

万物皆有时,天下一切亦有时。孔子曰:"无欲速,无见小利。欲速则不达,见小利则大事不成。"鲜花不会一夜盛开,它需要雨露的滋养;成功不会突然出现,它需要失败的沉淀。

所以我们做任何事的时候,都不要一味求快,太过着急,这样只容易乱了阵脚,自断时机。

当代人的通病,往往就在于太过着急和浮躁。从前我们可以花一下午的时光,一页一页慢慢研读厚重旧书,后来我们喜欢上了几分钟阅读一篇的网络短文,如今更喜欢10秒的短视频。

当我们越来越着急,急着长大,急着工作,急着结婚,急着成功,却忘记了,人生自有时序,不是所有的种子,今天播种,明天就能开花结果,而是在你不经意间,就芳香四溢。

相信接触过知识付费的小伙伴,或多或少都会遇到过"报课焦虑"。曾经报了很多课程,壮志满满地想要快速拿到结果,可是没有一夜暴富的神话,一切都是日积月累的过程。

不要去追一匹马,用追马的时间种草,等到春暖花开时,就会有许多匹骏马被吸引而来。通常你做三、四月的事,在八、九月自有答案。

学习也好,事业也罢,一个人成事的能力来源于持久的动力,而动力来源于积极的思维。

综上所述，培养真正的强者思维，是让我们用成长型思维取代固定型思维，敢于直面挑战，穿越自身瓶颈，并耐心耕耘，静待花开。

在前面说完成长型思维、直面挑战、戒躁沉心这些强者思维的表现之后，如果只用一个词去概括强者思维的内核，那就是：不依附。

不依附并不意味着拒绝尝试，也不是无知或逃避，而是一种超脱。在生活中，我们依附着太多的东西，比如，财富、别人的眼光、情感、人际关系、观点、结果或想法。

虽然这些外在的东西可以给我们依靠，但同时也是各种恐惧情绪的来源。比如，对关系中特定结果的依附，会导致嫉妒、过度索求或者较低的自我认知价值。对财产的依附表现为贪婪、权力感或非理性地担心失去，也就是我们常说的焦虑。

而真正的强大源于一颗强大且稳定的内心。多数人用情绪，少数人用脑，而强者炼心。所以，修心是人一生都要做的功课，修一颗精进心、一颗智慧心、一颗平常心、一颗感恩的心。摆脱心中的枷锁，世界上没有跨越不了的事，只有无法逾越的心。一个强大的人，内心的力量一定是无穷的！

→ 转变思维才能改变人生

有一位作家说过："真正拉开人与人之间距离的，不是学历，也不是背景，而是一个人的思维方式。"

不同的思维方式，决定了一个人看待世界的角度。固化的思维，让你寸步难行；灵活的思维，让你豁然开朗。很多时候，正确的思维方式，比努力和天赋更重要。思维方式对了，行动才能对；行动对了，生活也就顺了！

还有句话是这么说的："一个人赚不到自己认知以外的钱。"说到底，人与人之间的认知,才是不可逾越的鸿沟。认知不光决定着一个人的行为,还在无形之中决定了一个人的命运。要想突破圈子,成就自我,唯一的办法就是自我突破认知。

• **深度思维:不断逼近问题的本质**

思考的质量,决定人生的质量。

在百万畅销书《认知突围》中,有一张思考-收益曲线,如图3-1所示。起初,一个人在思考上花费的时间,不会带来明显的收益,甚至在积累速度方面,慢于直接行动。

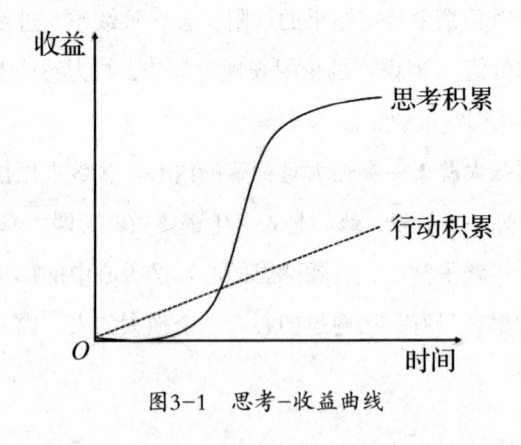

图3-1 思考-收益曲线

也就是说,随着思考时间持续增加,个人终将获得蜕变式的成长。

你是否也有过这样的经历:学习时,为了逃避深入思考,把大部分时间浪费在无意义的抄写上。这样的"忙碌"往往让我们误以为自己在进步,但其实并非如此。不深入思考,只追求表面的忙碌,最终只能是徒劳无功。

我自己在学习文案的时候,周围很多人都有手抄文案的习惯,但是我并没有加入其中。而是花时间深度思考,认真分析自己文案的问题,并且进行有针对性的拆解和练习。

那么,如何做到深度思考呢?答案就是培养我们的"十万个为什么"

思维。这需要你多多揣摩提问，多问几个为什么，而不是给自己找一个答案，认为逻辑大致能通，就心里满足了。

当你学会深度思考，就能更好地掌控自己的人生。丹尼尔·卡尼曼在《思考，快与慢》中也写道："重复且长时间的无尽忙碌，只要条件具备，大部分人都可以做到。难的是思考。没有深入的思考，勤奋的意义并不大。"每一次深度思考，其实都是在打破自己，打破单一浅显的思维框架，打破陈腐的认知和经验。

• 借力思维：凡事尽力，更要借力

《荀子·劝学》曰："假舆马者，非利足也，而致千里。"能行千里，并不在于人本身，而在于人能够驾车，借助车的力量远行千里。这就是借力思维。

一个优秀的人，仅知道自我提升远远不够，更要善于借助外部力量。通过借力，不仅可以实现资源的优化和整合，还能收获长期回报，达到事半功倍的效果。

英国作家毛姆，从小腼腆、羞怯，还因口吃遭到同学们的嘲弄。因此，他不喜欢与人面对面交流，但他的作品里满是周围人的身影。究其缘由，是因为他喜欢站在远处，静静观察形形色色的人物。虽然不善与人交流，但他能通过观察，借别人的一言一行成就自己的著作。

做副业也是一样，学会借力事半功倍。我们可以复制那些已经取得结果的人，借助他们成功的经验、方法和思路，少走弯路，更快成长和前进。这就是所谓的"与其造船过河，不如借船过河。"

一切生意的本质是资源互换，知识是资源，钱也是资源，大部分人能分配的资源是自己的劳动力和时间，而当我们没有资源的时候，就要学会借力，比如现在很多老师，都会选择直播连麦的方式，通过互相借力置换资源和人脉，从而获得流量和背书。

所以，在这个合作共赢的时代，学会借力、互相借力，懂得扬长避短、突破自我限制，才能成为最后的赢家。

• 绿灯思维：用开放的心态面对人生

你一定知道交通法则是，红灯停，绿灯行。

其实红灯，意味着拒绝和止步不前；绿灯，意味着接受和放行。而绿灯思维，就是勇于接受新事物。当我们遇见不同的意见，千万别急着反驳别人，而是要以一种开放的心态去接受，因为这正是自己成长和提升认知的机会。

美国总统林肯，就是一个典型"绿灯思维"的人。有一次，林肯听闻作战部长爱德华·史丹顿在背后骂他。他并没有因此而生气，反而是心平气和地对旁人说："如果史丹顿骂我，那我要好好反思，因为他几乎从来没有出过错。"

了解以后才发现，原来是自己签发了一项错误的命令，所以才招来了责骂。于是，他亲自去见了史丹顿，并且迅速收回了成命。林肯面对质疑的声音，能够理性听取，才能最后让自己从中受益。

哈佛大学尼曼学者[①]安替也说过，一个学徒要向师傅学习，就不能批判性地接收，这样就学不到真正的本事。因为你一旦带着自己的想法，甚至批判的框架去学习，心里就会不自觉地竖起一道屏障，接受单方面认为对的才学，跟已有的认知产生矛盾的就加以排斥，是不可能学好的。

所以，现在的你可以点亮绿灯思维，以开放和包容的心态去认识新观点、新事物，升级自己的认知，从而让自己变得更加优秀。

• 投资思维：付费学习武装大脑

有句俗话叫"搞钱先搞脑"，想赚钱真的要先投资自己，让自己增值，

---

① 尼曼学者是哈佛大学1939年建立的旨在培养新闻精英的教育计划，每年除美国外，仅从世界各国新闻界中挑选出十多名佼佼者参与学习。

该花的钱千万不要省。

韭菜这两个字是最近几年才被炒起来的，2016年社群火爆，知识付费盛行，短视频这股大风吹遍大江南北，各种培训班层出不穷，如雨后春笋般冒出。

韭菜这两个字，各有各的理解，你可以把它理解成是一个贬义词，也可以是一个褒义词。如果你把每次付费都看成被割韭菜，那你就是一棵韭菜，如果每次付费都是抱着学习、结交朋友的心态出发，收获将远远超出你的投入。

试想一下，如果当时只是在网上东拼西凑学习，那些碎片化的知识是很难形成体系的，如果没有付费深度学习，说不定摸索一段时间做不出成绩就放弃了，更不可能踏上创业之路。命运的齿轮，真的是从付费学习开始的。

我自己每年也会付费六位数，投资自己的大脑，很多时候前辈的一句话，就会让我收获颇丰，少走很多弯路。

所以，在自我投资这件事情上，你越是计较，越是想省钱，就越难突破圈层。

分享稻盛和夫的一句话："一个人的思维方式正还是负，将成为影响人生和工作结果的关键！"

固化的思维，会让你寸步难行；灵活的思维，会让你豁然开朗。所以，思维方式对了，行动才能对；行动对了，生活也就顺了。

小试牛刀

在你的成长过程中，你觉得有哪些思维对你影响较大？它们给你带来了哪些好结果？

修情绪：内核稳定是顶级修养

拿破仑曾说过："能控制好情绪的人，比能拿下一座城池的将军更伟大。"

喜怒哀乐，是每个人正常的情绪感受，与我们的生活形影相伴。可是，有的人放任情绪蔓延，时而暴怒，时而狂喜，成为情绪的奴隶；有的人却不急不躁，冷静平和，沉着应对，真正成为情绪的主人。

所以，保持情绪的稳定是十分必要的。

《格局》中有一句话说："一个心胸开阔、有大气量的人，他的内心就像一个大湖。你丢进去一根火把，它很快就会熄灭；你丢进去一包盐，它很快就会被稀释。"

那么，到底如何修炼自己的稳定内核呢？

→ 保持每天高能的独家秘方

你是不是经常听到这样的抱怨："我每天都像机器一样重复地做着那些无聊又琐碎的事情，生活平凡单调而又枯燥乏味。"

其实，生活需要注入新鲜的养料，人也一样。

• 培养兴趣爱好，开启无限可能

培养自己的兴趣爱好，这不是为了报酬，也不是为了讨好别人，只是为了让自己快乐。比如，写诗、阅读、编织、跑步、骑马、露营、烹饪、插花、整理、学习一门语言等。

当你真正拥有一项兴趣爱好，就等于拥有了灵魂栖息之地。当你把注意力放在你喜欢的事上，你的眼里就会自带光芒。

就像原来的我，从没想过自己会成为畅销书作家，出版多本书籍。但是，当我用文字记录自己的所思所想，就会发现，记录让时间生长，文字让记忆延长。

文可载心，亦可载道；文可知人，亦可知己。

衡量时间长短的方式也有很多种，或肉眼可见，或未有痕迹。而用文字记录一切，会让这些不曾察觉到的细枝末节，慢慢显现。多年以后再看到这些曾经的所思所想时，就会发现，原来这就是从前的自己。

所以，写作不仅能让我放松心情、释放压力，还可以记录生活点滴和认识成长，供日后阅读和回忆。

• **不苛求他人，也不苛求自己**

人到中年，对一个女人来说最可怕的，就是活成一个怨妇。抱怨辛苦得不到体贴，抱怨付出得不到回报。

罗琳太太是一位寡居的老人，她总是对卡耐基抱怨，自己的侄子是多么忘恩负义。年轻时，她曾经竭尽心力地照顾他们、疼爱他们。结果他们现在根本就不在乎自己这个老太婆，毫无感恩之心。

但是卡耐基冷静地告诉她："苛求别人对自己感恩，是一个很大的错误。"

卡耐基小时家里不富裕，但是父母每年都会从收入里挤出一点，救济孤儿院里面的孩子。他们从来没有去过那家孤儿院，不想用自己的善意之举去换得好听的名声。他们只是单纯享受帮助那些孩子时自己心里的喜悦感，这就是最大的回报。

很多时候，我们帮助了别人，就以为一定会赢来对方的感恩，可是结果往往事与愿违。就像我有一位关系非常好的同事，我曾经不遗余力地帮她，可是最后发现自己没有收到她的结婚请柬，那一刻无比失落。当时用了很久才释然，也渐渐明白不苛求别人感恩，你才会得到真正的快乐。

• **听从内心的声音，释放紧绷的神经**

在日常生活中，很多时候我们会觉得自己的神经紧绷着，非常焦虑不安。

然而，想要保持高能量的状态，就要关注内心需求，遵循自己的情感和身体感受，让整个人彻底放松下来。

当我们感到疲惫、焦虑或者压力时，也可以选择合适的方式去舒缓自己，放松心情和身体。例如，休息一下，静心冥想，或者找一本好书慢慢品味等。

我在状态不好的时候，也会选择听歌、写作、跑步的方式与自己独处。通过这些，可以使自己慢慢恢复原本的情绪状态，从而拥有平静、愉悦、健康、充满活力的生活状态。

- **做好饮食和睡眠管理，让身体获得自然休整**

保持好能量，一个关键步骤就是吃好睡好，不透支身体赚取名利。看似简单，在快节奏的社会也并不容易。

在饮食方面，吃到七分饱，其实是肠胃最舒服的状态。我们可以在饭前喝点水或者汤，增加饱腹感。多选择蔬菜，少吃精细碳水，注意细嚼慢咽，多关注胃的感受。

尽量维持低油、低盐的饮食习惯。以蒸或煮的方式来烹调，减少油脂摄取。如果是在外面用餐，可要一杯白开水将菜稍微过一下，滤掉多余的油分与盐分。

多摄取高纤维的食物。如芹菜、香菇、青菜、水果、豆类、薯类等食物，都含有丰富的纤维。另外，尽量选择天然食物及只经少量加工的食物为主的饮食方法，注重食品质量而不是数量。

在睡眠方面，遵循规律的睡眠时间可以帮助我们的身体建立一个良好的生物钟。每天尽量在相同的时间入睡和醒来，并且保持早睡早起，遵循这个规律可以帮助身体调整内部节奏，第二天整个人精神满满！

曾经网上有个经典的讽刺段子"熬夜的七大好处"，让人啼笑皆非。有博主说："熬夜会让你更稳重，因为睡眠不足会减缓代谢，热量消耗少了,就长胖了;熬夜也会让你更成熟,因为肤色暗沉,长出皱纹和褐色斑,看上去老了好几岁;熬夜还会让你的人生变得简单,记忆力变差,一切事都可以转眼就忘……"

调侃的背后,是肉眼可见的熬夜带来的伤害:学习能力及记忆力减退、肥胖症、糖尿病、阿尔茨海默病、癌症、工作表现下降、创造力缺乏、焦虑、抑郁等。

好好睡觉,就是在为身体充电蓄能。我自己也曾经因为过度熬夜导致第二天醒来非常疲惫,状态不佳。所以一定要注意提升饮食和睡眠质量,这会让你的生命质量完全不同。

做副业 9 年,很多人都问我:"你怎么都不知道累?"其实,当我们学会培养自己的兴趣爱好,做到不苛求自己,听从内心的声音,做好饮食和睡眠管理,就会发现每一天的心情都会被光芒笼罩!

→ 六大方法遇见开阔的自己

我很喜欢一位心理学家的一句话:"即使是在极端恶劣的环境里,人们也会拥有一种最后的自由,那就是选择自己的态度的自由。"

无论身处何种境地,你都有选择前进或停留的权利,有人安然欣赏身边的美景,有人乐意奔向远方追逐更加广阔的世界。无论选择什么,都是每个人的自由和权利。

• **信任自己,未来无限可能**

情绪稳定的人都会有一个强大的内核,这份内心的强大,首先得保证对自己充分的信任。只有相信自己,拥有无限的未来和能量,才能在生活中投注更多的热情去完成每一件事。

创业的路上,风雨常伴,一定会面临很多前所未有的挑战。当你学会先肯定自己,也就拥有了屏蔽外界流言蜚语的能力,不会被周围人影响自己的心态，不陷入内耗，情绪自然稳定。

生活中一定会有各种困难，但一定要有信念。宝剑锋从磨砺出，梅花香自苦寒来。所有困难终会化作努力后的收获，就像苦尽甘来的梅花一样！无论遇到任何困难，都请你能相信自己，未来有无限可能。

· 学会抽离，培养客观视角

每一天，我们的脑袋里总是有各种各样的杂念，连自己都不知道这些念头是从哪里来的，但是有一点可以肯定，引发情绪反应的大都是杂念。比如，你的担忧、焦虑、害怕、猜疑、愤怒、贪婪、嫉妒、怨恨、渴望等，让你无法专心致志地做要紧的事，陷入惶惶不可终日的状态，最终毁掉了你的生活和人际关系。

最好的方法是学会抽离。抽离意味着摆脱感官和欲望的掌控，让你拥有更加客观的视角。

想象你坐在一条高速公路的旁边，那些杂念就是高速路上来往飞驰的汽车。你心平气和、事不关己地看着这些汽车来来往往，告诉自己不要去追逐这些车，因为不仅追不上，还容易引发交通事故。

当你看久了，忽然就想透了，人的大脑其实就是一条高速公路，有车是正常的，没车才是不正常的。当你学会如何与杂念共存时，杂念对你的损伤就会越来越小。

· 尝试宣泄，积极调整心态

人生不如意事十之八九，当我们遇到不如意事的时候，不良情绪就会产生。这时候，需要及时把不良情绪宣泄掉。

曾经的我，也选择过各种宣泄的方式：唱歌、健身、做家务、沉浸在音乐、电影、游戏中，找朋友或心理咨询师倾诉等，渐渐让自己放下情绪，最终回归正轨。

所以，适度的宣泄能帮助我们释放压力，维持良好的身心健康。我们无法回避已经出现的问题，但我们可以凭借积极的心态主动进行调节，最终重新绽放光明。

• 远离内耗，换个角度看问题

改变周围的环境从来就不是一件容易的事，比如治愈原生家庭带来的痛苦，改变与伴侣、子女、同事、上级的相处方式等，这些都不是一朝一夕的事。

一个人能改变的，只有自己。所以，先从远离内耗开始，可以时常提醒自己，那些让自己关注的人和事其实也没有那么重要。

学会断舍离，才能善护念。《金刚经》里说过："凡有所相皆是虚妄。"你关注的只是你想关注的，你看到的也只是你想看到的，并不是事物原本的模样，而是经过你加工后看到的模样。

因此，如果你能跳脱出原有的关注，重新看待这些事物，或许你对它们的看法就会有所不同，所以，不妨让自己多换几个角度去看看眼前的烦恼。

• 过程主义，避免患得患失

做任何事，都不要过分关注结果，因为这样只会患得患失。消灭预期，只关注过程，这是稳定情绪的一项重要修行。

一次王阳明和他的学生们一起爬山，学生们登山很累，一会儿快一会儿慢，一会儿开心一会儿悲观。王阳明一直气定神闲，不喘不累，一直登到山顶，学生们就问他说："哎呀老师，你为什么一点儿都不累？"

他说："很简单呀，我走好脚下每一步就行，身心灵合一，脚在哪里，心就在哪里。你们是人在山脚下，心早都跑到山顶了。"

所以，真正的高手做事永远是过程主义，不是结果主义，把每一个过程做好，结果就是必然的。

• **追根溯源，终结负面情绪**

我们每一次焦虑，每一次崩溃，都不是毫无来由的。奇怪的是，许多人在经历情绪折磨后都不会追根溯源，去寻找真正的原因，而是习惯性地把过错怪罪给身边的人，怪罪给批评自己的人，或是怪罪给最能承担责任的人。

"自我保护"其实是一把双刃剑，保护自己的同时也在给自己塑造一个信息茧房。这个茧房不仅会过滤掉那些不好听却对自己有用的话，也会把客观的评价歪曲成恶意的攻击，这样往往会导致情绪上的波动。

所以，我们首先要做的不单纯是放下，而是弄清楚自己为什么会生气，为什么会难过，为什么会产生负面情绪，把源头找出来，掐灭它，让它下次不要再影响自己，这才是真正的放下。

面对自己当然需要勇气，但更需要的是智慧。如果你也看倦了眼前一成不变的风景，那就迈起步伐前进吧，一起到更遥远更广阔的天地去，遇见那个更美好闪耀的自己。

→ 如何成为自己情绪的主人

美国哈佛大学心理学教授丹尼尔·戈尔曼认为："情绪指的是：情感及其独特的思想、心理和生理状态，以及一系列行动的倾向。"

人有27种情绪，可分为两大类：正性情绪和负性情绪。有些情绪让人感到舒适，称为"正性情绪"，比如开心、愉悦、得意、满足、骄傲等。有些情绪让人感到难受，称为"负性情绪"，比如抑郁、恐惧、愤怒、自责、纠结等。

情绪的正性和负性转变，往往非常的快，就在一念之间。从情绪的奴隶到情绪的主人，往往也只需要调整念头就能实现。

在我看来，做情绪的主人，最重要的标准应该是：在压力很大的情况下，既不能让负面情绪伤害别人，也不能让负面情绪伤害自己。

那么，怎样才能掌控好情绪，调节好心态，做情绪的主人呢？

不妨试试我推荐的以下三个习惯：

• **告别负面言语，改写潜意识**

在带学员的时候，我一直会强调，把"我不行，我做不成，完蛋了"这类话在人生字典里删除，换成"我能解决，一定有办法的"。

这样可以让你潜意识的能量场，从负面变成正面，你的潜力也会慢慢通过这种方式被激发出来。

曾经有很多学员问我："每天看你朋友圈，都给人能量满满的状态，难道你就没有累的时候，没有心烦的时候吗？"当然有，只不过我觉得这些负能量和任何人说都是做无用功，不会起到任何实质性的帮助，只会徒增烦恼罢了。

所以不妨试试每天多想想快乐的事，说正面的语言，因为思想是有能量的，而语言是有声的思想，所以积极的语言，可以对一个人的命运产生潜移默化的影响和改变。

• **把注意力放在行动上，而非解决情绪本身**

有一句俗话说："人的很多问题，都是闲出来的。"

情绪不稳定的原因，大部分是迷茫、不知所措。因此想要情绪稳定，你就必须学会消除自己的迷茫，尤其是对未来不确定性的迷茫。

在面对一切不可知的时候，勇敢去行动，就是治愈迷茫和焦虑的最好方法。

如果你喜欢写作，就从一句话、一段文字开始写，锻炼自己的输出能力。不管能不能成，先做起来再说，第一步是最难的。

当你试着强化自己的行动力，就可以增强自信心，从而提升整个能量场。久而久之，你会发现自己的情绪会变得稳定，无论是在生活中还是工作中，都能获得别人的尊重，甚至成为他人的精神寄托和信仰。

• **允许一切发生，是成长的开始**

作家毛姆说过："打翻牛奶，哭也没有用，因为宇宙间的一切力量都在处心积虑把牛奶打翻。"外界是无常的，所以我们要允许一切发生。

人生在世，要允许自己没有那么完美。毕竟人生是用来体验的，不是来演绎完美的。

接受自己灰暗的部分，有灰暗的存在，才让闪光更加可贵。允许别人不喜欢自己，允许万事无常，允许这世间一切的不合心意。

世界上唯一不变的就是一直变化。真正的强大不是对抗，而是接受，接受世间有自己无法掌控的事，接受改变不了的遗憾，接受突如其来的分别以及毫无防备的伤害。

在当今竞争激烈的环境中，情绪管理能力成为每个人不可或缺的重要技能。做情绪的主人，不仅可以提升我们的个人品质和幸福感，还可以帮助我们更好地与他人沟通、合作和共事。

• **亲近自然，户外散步，自带疗愈功效**

据医学杂志《柳叶刀》的一项研究显示，光照能够增加大脑内血清素的周转率，而血清素会给人带来快乐。白天每增加一个小时的户外活动，就会降低重度抑郁症的风险。

所以，如果你感到情绪低落或者焦躁，不妨暂时甩开那些包袱，到户外散步。找一处静谧的地方，闭上眼睛，晒着太阳彻底放空，仿佛全世界都瞬间安静了。阳光照在身上暖在心里，可以瞬间融化掉所有的烦恼和忧伤，之后便是满血复活。遇到磨难时，依旧心向阳光，便是人生最大的修行。让心里堆积的杂质随风而去，一切重归纯净美好。

让我们共同努力，不再说负面词汇，日常多做少想，接受生命的无常和不完美，多多亲近自然，一起成为自己情绪的主人，为未来的生活带来更多的快乐与成功!

> **小试牛刀**
>
> ① 当你情绪不佳的时候,你会怎么调节?能举一个具体的例子吗?
> ② 读完本节内容,今后你会用哪种方法调节自己的情绪?请写下行动清单。

读好书:拥有更高的人生视野

杨绛说:"读书的意义,大概就是用生活所感去读书,用读书所得去生活。"

虽说在人生中,每个人的所遇不同,所感不同,但困难总是相似的。你想不明白的东西,或许别人早已知晓;而你所明白的东西,别人可能还处于困惑之中。

而读书,就是从书中看到前人的智慧,从前人的智慧里,寻找到自己想要的答案。

因此遇到问题时,找寻不到方向时,就越要静心读书。只有读书,才能帮我们指点迷津,从迷茫中彻底走出来。

→ **这是我听过最好的读书理由**

我曾经在网上看过这样一个提问:"怎样才能最容易地见世面?"

有一个高赞的回答是这么说的:"所谓见世面,就是明白了世界不止有一面,而通过读书,便能最容易见到世界的不同面。"

一本好书,就像一扇门,带领我们走向未知的世界。读的书多了,就会知道这世上不止有一种文化，对不同的看法会变得包容；就会懂得人生不止一种活法，对旁人的生活会多一分理解。

一个人的人生高度，就是他脚下书本的厚度。通过读书，你可以随时抵达任何地方，探索更多未知的美好。

每个月，我都有买纸质书的习惯，大部分的业余时间也都会用来阅读。因为我相信读的书越多，越能不断地提升自己的感知与表达能力。

- 知识是一道光，能照亮你低谷时的黑暗

曾看过这样一句话："当你感到迷茫时，一定要马上去做一件让自己100%投入的事。而这件事情，最好是读书！"

畅销书《被讨厌的勇气》作者岸见一郎，曾因心肌梗死终日卧床。那段时间，他白天焦虑，晚上失眠，觉得人生无比失败，甚至一度想要自杀。

后来，他开始阅读各种书籍，从希腊哲学著作到莎士比亚戏剧，一读就是8年。通过大量的读书，他以文字疗愈伤痛，获得内心平和，也重拾了生活的信心。

所以，读书是最美好的旅行，最安静的冒险，最廉价的享受，最丰富的财富。

那些你看过的书，走过的路，见过的人，做过的事，有过的感受，每一步都算数。它们会成为一束光，照亮你未来前行的道路！

- 读书的好处在于打开了解自我与世界的窗口

当你一本接一本地阅读，积累到一定的程度就会发现：胸中有墨水，便能对着美景出口成章；脑中有积累，便能与传奇的往事产生共鸣。

俗话说，读史使人明智，读诗使人灵秀。随着读书的深入，我们对社会与人生的认识会更深刻，内心也会变得更笃定。

北京、西安、南京和洛阳，少了学识的浸润，它们也只是一个个耳中熟悉又眼里陌生的地名；长城、故宫、西湖、苏州园林，有了文化的润泽，它们才不是被时间风化的标本，而是历久弥新的鲜活的生命。

每一次阅读，都是一次让思想觉悟的过程。养成阅读的习惯，人才能抛却自身的狭隘，进入更高的境界。你将感受到生命的广阔无垠，发现人生的无限可能。就算前路茫茫，你也能无所畏惧，敢于攀登下一座未知的高峰。

- **读书和学习，是培养自身气质的绝佳路径**

当下，很多人都在说："学历，根本不重要，抖音上火的都是草根！"

可是，三毛曾经说过："读书多了，容颜自然改变，许多时候，自己可能以为许多看过的书籍都成过眼烟云，不复记忆，其实它们仍是潜在的。在气质里，在谈吐上，在胸襟的无涯。"

她从小就喜欢看书，书里的文字不仅给了她浪迹天涯的勇气，还开阔了她的胸襟，让她在远赴撒哈拉沙漠的过程中，无论遇到什么，都能以包容和理解处之。

看到贫瘠荒凉的沙漠，她没有嫌弃，反而把它视为乐趣横生的绝佳栖息之地；遇到落后地区愚昧的村民，她没有反感，反而觉得他们自有一种单纯善良。那些曾经读过的文字，让她既能包容世界的不完美，容忍他人的不足，又能心存善念，看到事物美好的一面。

所以，古话说得好："腹有诗书气自华。"读书就像吃饭，你读过的文字终会变成营养，给你提供成长的能量，并在日复一日的岁月里，影响你的气质、改变你的谈吐、丰富你的灵魂！

→ 高效阅读要从"会选书"开始

问你一个问题，你现在看的书，都是怎么选出来的呢？

是朋友介绍的，还是书店里的畅销书专栏，又或者是网上淘来的书单？

其实，选择永远大于努力，比读书更重要的是选书！

读一本书，少则一星期，多则一两个月，如果选错了，不仅得不到成长，还可能会浪费时间，甚至误入歧途。

下面推荐4个高效选书的方法：

• **用"林迪效应"来选书**

第一次看到这个概念，是在塔勒布的《反脆弱》里。

所谓林迪效应，是指对于会自然消亡的事物，生命每增加一天，其预期寿命就会缩短一些。而对于不会自然消亡的事物，生命每增加一天，则可能意味着更长的预期寿命。因为会自然消亡的事物,通常是一个物体，不会消亡的事物则富含着信息。

一本书存在的时间越久，其观点则被证明越正确，其价值含量也被证明越高。

所以，当你选书时，只要看到书出版的时间足够长，那基本就可以闭眼读，收获一定会大大超出你的预期。

• **按不同场景来选书**

这种方法就是指在日常工作生活中，想象你能用到的各种场景，这样读书，效率才是最高的。因为读书本质上是学习，学习分为两个部分，学是模仿，习是练习。而实践，才是最好的学习方式。

所以，我们一定要明确自己的读书需要，不能漫无目的地看到什么书都想读。而是在平时工作与生活中认真考虑，需要看哪方面的书，它们可以真正用在哪些地方。

有些书不是你当前需要的，就没有必要购买。名人推荐的书单，可能是基于他们的当下需求，比如有一位知名作家曾经数次力推《额尔古纳河右岸》①，但是如果你读书的目的不是为了熏陶，只是为了快速成长，追求实用，大可先不看这本。

很多人都说，现在是信息时代，互联网上充斥着各种杂乱的信息。所以，千万不要迷失在其中，保持专注和冷静，才能让自己获得更快的成长。

- **通过目录去选书**

想要挑选真正适合自己的书，可以花 3~5 分钟左右时间，细细翻看每本书的目录。因为目录是作者写作思路的框架，也是有顺序、有逻辑的。

看完目录以后，就可以大致判断这本书作者的写作内容、逻辑顺序是什么，以及到底适不适合自己。

在我写书的时候，也会花很多的时间，在斟酌目录上，因为目录是一本书的灵魂。好的目录，不渲染高大上的理论，而是对实践与理论的高度融合与提炼。

- **带着问题去选书**

宋朝有个读书人叫陈正之，他看书特别快，一目十行，囫囵吞枣。即使读了一本又一本，花费了很多时间和精力，效果还是很差。读过的书像过眼烟云，很快就忘记了，几乎没有留下一点儿印象。这使他十分苦恼，疑心自己是不是记忆力不好。相信读了就忘，也是很多人读书最苦恼的事。

有一天，他遇到了当时的著名学者朱熹，就向他请教。朱熹询问了他的读书过程以后，给了一番忠告：以后读书不要只图快，哪怕每次只读五十字，重复读上多遍，也比这样一味往前赶效果好。

陈正之这才明白，他读过的书之所以记不住，不是因为他的记性不好，而是学习目的不明确，方法不对头，他把读书多当成了读书的目的，忽

---

① 迟子建所著的长篇小说，获第七届茅盾文学奖。

视了读书的目的是学以致用，是为了解决问题。

这样匆忙草率地读书，既不能消化书中的内容，又不能有意识地进行记忆，记忆效果当然就不会好了。陈正之接受了朱熹的劝告，每读完一段书，就想想这段书讲了些什么，有几个要点，可以解决什么问题，并且留心把重要的内容记住。经过日积月累，他终于成为一个有学识的人。

叔本华说："不加思考地滥读或无休止地读书，所读过的东西无法刻骨铭心，其大部分终将消失殆尽。"

所以，带着问题去选择适合的书，才能让大脑更有专注力。如果你每次看书时，都能像查字典一样，带着清晰而具体的问题出发，那么你读不进去书的问题必然会迎刃而解。

读书，应该是一件很愉快的事情，但如果在一开始选书都选不对，那么它必定会影响自己的读书兴趣。

读书，既是一种享受，也是一种让自己快速飞跃成长的方式。找到自己读书的目的，再去选合适的书，才能真正在书海中徜徉，在阅读中成长。

→ 五个瞬间爱上阅读的小技巧

读书不会把你直接捧到高峰，或是送至彼岸。但它会教挣扎在苦海的人做自渡之舟，给深陷低谷的人递去自救的缰绳。

人生没有失败，只有铺垫。只是有人在遭遇逆境的日子里，给自己失衡的世界找到了支撑点。而读书，就是那个支撑点。

浸在书中，虽然眼下一无所有，但你早已给未来的人生埋下了种子。纵然身在低谷，也终将开出希望之花。

怎样才能让自己爱上阅读呢？推荐以下几种方法：

- 边阅读边做笔记

我发现，当我们拿着笔一边读一边画线标记重点、做小笔记时，往往会更投入和聚焦，也会带来更愉快的阅读体验。

我一直有一边读书一边做笔记，并一边画思维导图的习惯，不仅能够帮助我记住书里重要的章节和内容，还方便复习，大大提升了阅读效率。

同时，我会根据不同情况，用笔在书上做不同的标记加以区分。看到有价值的内容，会在下面画线。如果某个段落对我特别有启发，我也会在空白处简要注明，最后整理成思维导图，方便日后查阅。

这个习惯除了让整个阅读体验变得更有吸引力、更有趣外，也能让我非常容易回顾或者略读已经读过的书，快速查找引文、主要观点、案例等。

这样我就可以在几秒钟内翻阅一本书，注意到空白处的标记内容，并清楚地知道所有关键内容的位置。

最后做一件事，合上书本回忆，检验是否能复述书里的大致框架和内容。如果忘记了就打开思维导图重新回顾，最终把整本书的内容牢记于心。

- **懂得适时放弃**

当我们喜欢某本书时，阅读的动力就会变得很强。但相反地，当我们在读一本不喜欢的书时，动力就会减弱。

所以，阅读喜欢的书的最大障碍之一，就是认为即使不喜欢也应该去读。具体地说，就是认为如果我们开始读一本书，就必须把它读完。

但事实并非如此。人生苦短，我们不应把时间花在读自己不喜欢或者不满意的书上面。如果觉得某本书或者某个章节读不下去，你为什么还要继续呢？

因此，如果你想养成更强大、更能坚持的阅读习惯，就从戒掉更多不适合自己的内容开始吧!

• 尝试氛围式读书

如果家人都是那种特别爱读书的人，或者家里有一处专供学习读书的房间，你自然能安静下来享受读书时光。

然而，如果没有以上氛围，那么我们可以来一场说走就走的沉浸式外出读书体验。比如咖啡馆、书店、自习室、图书馆。当你拿起一本书，走到这些地方去看书，就会发现周围的人都在学习，你自然也会被这种氛围所感染。

选择一个适合自己读书的环境，你定能享受读书的快乐时光。因为环境对了，心就静了，那么我们就更容易沉浸于读书之中。

• 创办或参与读书会

读书，有时想一个人独立地读，有时想跟知心伴侣分享着读，有时想邀约三五好友聚在一起读，有时想集结一群同好者来读。一个人读有一个人的趣味，两个人读有两个人的趣味，确实读法不同趣味各异。

而读书会就是这样一种因学习知识、交流思想的需要而组织起来的社团。现在很多微信社群，都有读书相关的主题，可以和三五好友一起，互相激励，分享阅读的感受。

集体的力量将撬动你长久以来懒惰的生活方式，也会让你爱上阅读，爱上生活，也爱上自己。

• 把书本放在触手可及的地方

推荐一个方法，你可以把自己正在阅读的书，战略性地放在不同的物理位置，在自己的视野范围内，触手可及。在特定地点阅读一段时间后，这些地点本身就会与阅读行为联系起来，成为阅读行为的线索。

这会将阅读从一件费力、困难的事情变成相对容易的事，帮助你养成阅读习惯。

例如，我经常在沙发后面的窗台上放一本书，这样当我坐到沙发上时，就会提示我开始阅读，而不是打开电视。我还会在床边放一本书，这样临睡前，环境就会提示我开始阅读，而不是刷手机打发时间。

任何习惯都离不开可靠的提示，阅读习惯也是如此。也可以考虑设置一些读书角，作为经常阅读的一种提示。

读书就像锻炼身体，不一定马上见效，但智慧会像你的筋骨一样逐渐强壮起来。

罗曼·罗兰曾说："人们常觉得准备的阶段是在浪费时间，只有真正的机会来临，而自己没有能力把握的时候，才能觉悟到自己平时没有准备才是浪费了时间。"

所以读书，可以使一个人在可见的未来，成为最好的自己。你的内在越丰富，对人性就越了解，外在的需求就越少，这种内心的宁静就足够让我们走得更从容！

> **小试牛刀**
> ① 请分享今年你看过的3本印象最深刻的书。说说你的理由。
> ② 除了本节提到的读书方法，请分享一下你平时的读书方法和习惯还有哪些。

懂做人：掌握成功的终极法宝

人生在世，重在人品，贵在良心。人这一辈子，先做人后做事，只有把人做好了，做起事情才游刃有余。

人品，是一个人最强的底牌；良心，是一个人最好的资产。

如果名利是人生中的树荫，人品和良心便是树木。我们常常考虑树荫是否茂盛，却总是忽略树木有无生气。所以，人品重如山，良心比金贵！

→ 做事先做人，做人先立德

一个人是否成功，其实不是通过能力衡量的，而是靠人品衡量。一个人，可以穷，可以丑，但不可以没有德行。人品，永远排在第一位。

- **人品，是做人的首位**

美国作家马克·吐温曾说："一个人的真正财富在于他的人品。"

人生在世，钱财和名誉乃身外之物，虽说取之不尽，但终会有用完的一天。可是人品，是我们一生的通行证。

哪怕人品看不见也摸不着，却能决定我们的未来，影响我们的一生。人品好的人，往往受益一生；人品差的人，往往寸步难行。

- **人品，是最高的学位**

歌德说："无论你出身高贵或低贱，都无关宏旨，但你必须有做人之道。"

所谓做人之道，就是在遵循道德准则的基础上，具备良好的品质和行为。换句话说，能够决定一个人自身价值的，不是他的出身和背景，而是他的品行。

即便一个人学历再高，能力再强，倘若人品不行，也始终会让人难以认可他的本事。

古人言："子欲为事，先为人圣。"无论是学习还是工作，抑或是日常生活中的点滴，在做事之前我们都要先学会做人。

- **人品，才是财富的来源**

人们常说吃亏是福，和气生财，倘若一个人心胸宽广，待人大方，自然就能人气旺盛，财源广进。

相反，倘若一个人处处计较，便宜占尽，最后也只能是全盘皆输。时间和经验都在告诉我们：小事见人品，日久见人心。

虽说言语可以骗人，行为也可以伪装，但是下意识的举动往往无比真实。

正如契诃夫所说："要是一个人的头脑里没有教养和智慧，哪怕长得再好看，也还是一钱不值。"

分享一个故事，一个年轻人去面试，突然有一个衣着朴素的老者冲上来说："我可找到你了，太感谢你了！上次在公园，就是你，就是你把我失足落水的女儿从湖里救上来的！"

"先生，你肯定认错了！不是我救了你的女儿！"年轻人诚恳地说道。"是你，就是你，不会错的！"老人又一次万分肯定地说。

年轻人只能继续做解释："真的不是我！你说的那个公园我至今还没有去过呢！"听了这句话，老人松开了手，失望地说："难道我认错了？"

后来，年轻人接到了任职通知书。有一天，他又遇到了那个老人。他关切地与老人打招呼，并询问道："您女儿的救命恩人找到了吗？"

"没有，我一直没有找到他！"老人默默地走开了。年轻人心里很沉重，对同事说起了这件事。不料同事笑着说："他可怜吗？他是我们公司的总裁，他女儿落水的故事讲了好多遍了，事实上他根本就没有女儿！"

世间技巧无穷，唯有德者可以借其力，世间变幻莫测，唯有人品可立一生！所以，当人品和学识相辅相成时，才会让一个人走得更高更远。

→ 六大细节，助力成长路上走更远

中华传统文化源远流长，中国一直是礼仪之邦。其实，只要有人的地方就有礼仪，礼仪贯穿人们生活的方方面面，我们追求一生的快乐离不开人际交往的互动,个人礼仪在生活中或工作中都是不可缺少的一部分。总而言之,礼仪是我们人际交往的前提条件,是交际生活的金钥匙。

礼仪的"礼"字指的是尊重,即在人际交往中既要尊重自己,也要尊重别人。古人讲"礼者,敬人也",实际上是一种待人接物的基本要求。

每次我给学员们上课,第一节讲的不是文案,必定是礼仪。因为只有遵守这些细节,才能让我们成为一个高情商的人,从而获得别人的尊重。

下面我就分享具体的6个礼仪细节,既容易培养,还能给自己留下良好口碑。

· 称呼礼仪,会称呼让人喜欢

这一点特别重要,和别人说话的时候,先称呼别人的名字,因为没有人不喜欢别人尊重自己。而对方的名字,永远是对方听到的最好听的问候。

如果是给同事发工作短信、微信,最好称呼具体人名,如"××女士／男士",以示诚意和尊重;如果是给上级领导发会议通知,称谓最好表达为领导的姓氏加上他的职位,如"朱主任"。称谓恰当,沟通和传递信息的效果才会更好。

还要注意使用称呼时"就高不就低"。例如,某人在介绍一位教授时会说:"这是××大学的××老师。"学生尊称自己的导师为老师,同行之间也可以互称老师,所以有这方面经验的人在介绍他人时往往会用受人尊敬的衔称,这就是"就高不就低"。

· 多聆听,遇事不要急于下结论

凡事不要着急下结论,即便心里有了答案也要等一等,也许有更好的解决方式。站在不同的角度就有不同答案,要学会站在他人的角度换位思考,特别是在遇到麻烦的时候,千万要等一等、靠一靠,很多时候不但麻烦化解了,说不准好运也来了。

- **常谦虚，在语言上多用敬语**

"贵"字常用以尊称对方及其单位，如"贵处""贵公司"等。再者询问年龄，对年轻人可问"请问贵庚多少"，对长者可问"老人家高寿几何"。

遇见以下情况可以这么说：初次见面可以说久仰，很久不见可以说成久违，请人批评可以说指教，求人原谅可以说包涵，麻烦别人可以说打扰，求给方便可以说借光，托人办事可以说拜托，赞人见解可以说高见。

- **开玩笑是常有的事，要适度**

性格开朗、大度的人，稍多一点玩笑，可以使气氛更加活跃。拘谨的人，少开甚至是不开玩笑。异性之间，开玩笑一定要适当。不要拿别人的姓名开玩笑或是乱起绰号，对尊长、领导，开玩笑一定要在保持对方尊严的基础上。

- **少用"哼哈词"，不给自己减印象分**

在生活中，我们容易使用"哦，嗯"等语气词，又称"哼哈词"，其实容易给别人留下不好的印象。

"哼哈词"没有实际意义，还容易使人感觉敷衍、气场低。所以要尽量避免使用这类词，更不要不作回应。我们可以用"好的，收到了"来代替，让对方知道你已经知道了。因为经常不回应的人，也会给人不靠谱的感觉。

- **不容忽视的三大"线上聊天礼仪"**

如今我们线上办公交友情况多，尤其是使用"微信场景"。我这里也有3个提醒给读者，培养好的线上礼仪。

首先，注意加人礼仪，第一印象原理。

如果你要添加一个人的微信，但是不打任何招呼，这就好像你到别人家里串门，去之前既没有打招呼，也没有任何人引荐，贸然前往让对方觉得不便。我把加人礼仪分为以下两种：

第一种，在没有指引的情况下，可以用一个公式"尊敬称呼＋问好＋自我介绍＋说明来意"。举个例子：某老师（尊敬称呼），您好（问好），我是×××（自报家门），知道您是文案高手，希望能有机会跟您学习（说明来意）。

第二种，有指引的情况下，直接按照对方的指引，备注关键词即可。但是通过申请之后，记得再用"尊敬称呼＋问好＋自我介绍＋说明来意"的格式，跟对方打声招呼。

其次，能发文字，就不要发语音。

绝大部分情况下，人都更喜欢看文字，而且效率会更高。因为同样60秒的语音，如果是文字的形式，对方只需要15秒左右就可以阅读完。而且人在嘈杂的环境中，是不方便听语音的。

最后，善用微信红包，礼多人不怪。

红包是一种能量。一个高情商的人，一定是很会发红包的。如果社群里有新人进来，我们可以发一个红包，在封面上打上他的名字，这样对方就会有受重视的感觉。

所以，多发红包，做一个懂得给予的人，自然会得到别人的尊重。而只抢红包，不发红包的人，只会让别人觉得很自私。

荀子曰："人无礼则不生，事无礼则不成，国家无礼则不宁。"礼仪是一个人思想道德水平、文化修养、交际能力的外在表现。

德诚于中，礼行于外。让我们内外兼修，以自律、宽容、敬人、遵守、真诚来严格要求自己，真正体面地生活。

→ 创业的本质，是为人处世

有人曾问：行走世间，什么最重要？

能力？态度？人品？

答案是，三者必不可少，如果非要排出先后顺序，那么能力第三，态度第二，人品第一。

- **能力第三是基础，持续提升能力**

很多时候，人这辈子所走的道路，没有人搀扶，没有人相助，我们唯一能靠的，就是自己。

莫言小学五年级就辍学，在乡下劳动十余年。在那个连饭都吃不上、无书可读的年代，他把一本《新华字典》都翻烂了。

在图书馆担任管理员期间，他用4年时间读了1000多本文学书籍，每天不断地学习和探索，勤奋笔耕。

在日积月累的沉淀下，莫言的写作能力显著提升。攒够了实力的他，终于等来了大放异彩的机会。

莫言说："当你的才华还撑不起你的野心的时候，你就应该静下心来学习；当你的能力还驾驭不了你的目标时，就应该沉下心来历练。"

在副业的道路上，我们需要不断提升表达能力、写作能力、营销能力、思考和解决问题的能力等。所以，深耕自己，挖掘自己，历练自己，当你无坚不摧，才会光芒万丈！

人这一生，能力永远都是底气！余生，做一个以德为先，做事靠谱，永远积极向上的人，相信这个世界的一切障碍，都会为你让路！

- **态度第二是根本，把副业当作赋业一样用心钻研**

一个人会不会成功，他的态度最关键；一个人有没有人真心，他的态度能看穿。做人，就得有做人的态度；做事，更得有做事的表现！

有一位叫塞尔玛的女子，陪丈夫驻扎在一个沙漠陆军基地里。沙漠的环境十分恶劣，炎热难熬，她不胜其苦。

于是，她忍不住写信给父母诉苦，爸爸的回信只有一句话，却改变了她的一生："两个人从牢房的铁窗望出去,一个人看到了泥土,一个人看到了星星。"

塞尔玛深受启发,开始主动改变自己,和左邻右舍交朋友,研究沙漠里的植物,欣赏沙漠的日出日落。原本枯燥无比的日子,她却过得有滋有味。

在创业的道路上,每个人都会遇到挑战和挫折,很多聪明人不能成事的关键,就是缺乏认真刻苦、深入钻研的工作态度。

俗话说:"态度决定一切。"想要拥有好成绩,态度得端正;想要拥有好结局,为人得刻苦。天将降大任于是人也,必先苦其心志,劳其筋骨。唯有拥有好态度,才能把握好的方向,才会拥有一飞冲天的机会!

而那些积极做事,待人忠厚,又说话算数的人,永远是我们共同追求的挚友!

- 人品第一是原则,为人靠谱是最佳通行证

人品不好的人,即便再巧言令色,有好态度,也走不进别人的内心。人品很差的人,即便天赋再卓绝,能力再高,也不会被人重用。

当今这个时代,人品是一项硬标准!过关了,才会有好发展;不过关,早晚被人排斥!

拥有好人品,是我们做人的底线,也是我们与人交往的原则。人品差的人,坑人害人,永远不容于人;人品好的人,正直善良,永远有人敬重!

网上曾有人提问:"做人最重要的品质是什么?"有个高赞回答是:"遇到事情靠得住,责任面前有担当,信用永远是第一。"

在我看来,概括起来就是两个字:靠谱。什么是靠谱?凡事有交代,件件有着落,事事有回音。

每个创业者都有自己的利益需求,但这种需求不能建立在损害他人利益的基础上。有些人能力比较强,但善于迷惑他人,看似正人君子的

外表，实则内心肮脏不堪，被大多数人敬而远之。

所以，不管什么身份，无论什么场合，彼此合作，人品是第一位的，有一颗善良、仁爱和诚信之心，才可以同舟共济，共渡难关。

简而言之，对于想做副业的人来说，更是如此，对外不断交付确定性，让别人放心；对内不断提升人生算力，让自己安心。

好的人品，是做人的首位，也是处世的根本，更是待人的底线。往后余生，我们都要把人品放在首位，守住初心，做好自己！

> **小试牛刀**
>
> ① 结合本节内容，如果你也在做副业，想想可以从哪些方面提升自己的靠谱性。
>
> ② 除了本节提到的六大礼仪细节，你还能想到哪些？欢迎扩展思路，成为懂礼的人。

第四章

绽放自我,
开启副业的人生终将闪耀

人生如茶，每个人像是一片茶叶，需要在岁月的时光中静静地沉淀自己，默默地完成自身的转化。

在现在这个喧嚣而浮华的时代，很多时候让人身心疲惫，但是孤独可以让我们的心灵清静下来，有机会找到适合自己的成长方式，可以真正不受外界干扰地学习、创造、探索。

而解决现代人被陪伴的需求，让他们通过学习成长，获得安全感与社会认同，将是未来的一大商业机遇。

《朗读者》里有过这么一句话："我们成为什么样的人，可能不在于我们的能力，而在于我们的选择。"

如果要问我，自己曾经做得最正确的决定是什么，我不会半点犹豫地告诉你，那就是早在9年前，就开启了线上副业，在这个过程中，不断积累自己的专业技能、沟通能力、人脉和影响力，才能在今天拥有完全不一样的底气和自信。

每个人对副业的追求都不尽相同，有人因为生存，有人为了梦想，还有人为了赚更多钱，去想去的地方，做想做的事。

对于我来说，在独处中深耕副业，专注文案写作，让我有机会静下心去思考、去沉淀、去总结，也因此开启了人生的新篇章。孤独不是生活的终点，而是通往自由的起点。愿你我都能在孤独中，找到属于自己的节奏！

卡准定位：好定位成就好未来

《论语》中说"三十而立"，"立"放到人生的范畴，其实可以理解为定位，哪一天找到自己坚定不移要做的事情，就叫作"立"的开始。

一个人要"立"，就是要找好自己的定位。对于人生而言，定位是非常重要的一个方面。它指的是对自己在这个世界上的位置、角色和使命的明确认知，涵盖了个人的价值观、信念、兴趣、才能和目标等各个方面。

当人们了解并接受自己的定位时，才能更好地与自己的价值观和兴趣保持一致，从而形成自我认同和自尊。

开启个人品牌创业以来，我发现定位这个环节，难倒了大部分想做副业的人，甚至有人很久都没有攻破这个难关。

那么，到底如何才能找到值得自己深耕的定位呢？

→ 决定你能走多远的是定位

定位，就是一个人能力的指南针，有了定位，才会有你的价值主张，才会有你做人做事的调性。

我从小到大就是一个重度路痴，出去经常会迷路。有一次，我跟朋友约了个餐厅吃饭，她给我发了位置，我估计出地铁后走5分钟就能到，但尴尬的是，我跟着导航走了1个小时才到目的地，到底发生了什么？

原来是我在用导航的过程中，没有确认定位是不是当前所在的地方，所以绕了一圈又回到原点。

这件事让我开始思考定位的重要性，定位的作用是让你很清楚地知道，当前你在哪里，又如何从当前的位置去你想去的地方。如果你的定位就错了，即使走了一圈都不会到你想要的地方。

方向，远比速度来得更重要。无论我们前进的速度有多快，如果没有明确的方向或目标,我们的努力可能会变得毫无意义。

如果我们能长久地坚持一个符合自身实际情况和长远发展规划的定位,就会帮助我们更快梳理出自己的商业变现逻辑和内容输出体系,并且给予我们源源不断的自信和动力。哪怕遇到困难,也能快速找到解决问题的方向,更坚定地走下去。

可是在探索定位的路上,大部分新手都会有以下三个定位误区:

• 头衔太多,定位不聚集

打开微信背景墙,很多新手会把自己包装成一个什么都会的大咖,可是这样只会让别人感觉特别混乱。

大多数人都会觉得,标签贴得越多越好,这其实是一个很大的误区。因为标签越多,用户反而会越困惑,根本不知道你擅长哪方面。

要知道,一个看上去什么都会的人,只能证明自己什么都不会。

• 迟迟不敢行动,想一步到位

很多人被定位这个问题困惑得迟迟不敢行动,一定要找一个终身不变的定位才安心。其实定位是跑出来的,而不是想出来的。

定位是动态的,是随着环境和不同阶段不断变化着的。所以不要盲目追求一个定位,而是先去行动,找到客户最迫切的需求,以及挥之不去的痛点后,帮助他们解决。在这个过程中,你会发现自己的定位将会越来越清晰。

更重要的是当你通过行动,帮助客户解决越来越多问题的时候,你会更了解他们的核心需求,这时的定位才会更清晰和聚焦!

• 选定后总换赛道,跟着风口跑

大部分人的问题是,很难坚持在一个领域精耕细作,做着做着就想换赛道。看到什么赛道火,自己也会跟风去做。

也许就在这个时候,你离成功只有一步之遥,可是突然换了赛道,又等于一切从零开始，真的特别可惜。

《周易》中写道："君子以正位凝命。"定位，是开启副业最重要的第一步，好定位才能成就好未来。

→ 五步找到自己的精准定位

定位就是定江山。找到个人定位，在我看来其实就是回答一句话：你能通过出售什么产品或服务，帮助哪些人，解决什么问题。

拿我自己来举例，从小到大一直是学霸，考证获奖无数，会中英法三种语言，学习能力较强。所以，刚开始在线上创业的时候，我选择从分销英语课程开始，因为这不仅是我的爱好，而且在服务学员的过程中，也可以用我的专业知识帮助到他们，因此让我收获了很多学员的认可，取得了不错的销售业绩。

在平台拿到了多次销冠以后，我又开始带领团队，这个过程让我大大提升了自己的团队领导力和沟通能力。同时，我也渴望拥有自己的产品体系，真正为自己打工，将命运牢牢掌控在自己手中。

于是，我转型做知识付费老师，是因为在之前分销的副业中，积累了大量文案写作、社群运营的经验，可以通过系统梳理，使这些知识形成体系，分享给更多有热爱、有专长、有梦想的人，从而开启事业的第二曲线。

所以，定位是在行动中慢慢清晰起来的。找定位一般都是从自己的爱好和擅长的领域出发，因为从熟悉的领域开始，上手较快。

我们可以通过回答以下5个灵魂拷问，来找到开启个人定位大门的金钥匙。

当你读到这里，可以拿出一张纸、一支笔，跟着我一起来回答这5个问题，你的定位会随着答案逐步浮现出来。

- **身份角度：你有哪些身份特征**

想要开启副业，第一步就是想明白一件事："自己到底是一个什么样的人？"只有你先认识自己，才能让别人一眼就知道，你能给对方提供什么样的价值。

我们可以先去梳理自己曾经或者现在拥有怎样的身份，从身份的角度出发，提炼自己的定位关键词，再聚焦打造一些硬核能力。

比如，你是一名宝妈，你发现自己在养育孩子的过程中，有很多经验和心得。又或者周围人碰到问题，都会想要请教你，那就可以找到家庭教育指导师这样的定位，再去深耕专业知识。

又或者你在某行业工作多年，见过无数的案例、沟通过无数客户，对各种各样的需求和处理方法都有了自己的一套见解。你的知识储备、理论结构和策略方法都得到了积累。那么针对这个领域，你自然要比其他人更擅长，就可以把积累的这些经验梳理，然后形成一套自己的方法论。我的一位学员，主业是做人力资源的，他的副业标签是职业生涯规划师，就是建立在主业经历的基础上。

或者你的主业是一名销售人员，而且经验丰富，有自己的一套销售流程和打法，你就可以把这些销售技巧进行总结，在线上通过教别人提升自己的销售能力，也就是成为线上销售教练。

所以，精准了解你自己的第一步，就是从身份特征出发，它可以帮助我们快速找到自己现有的优势和未来深耕进修的方向。

- **能力角度：你有哪些核心能力**

变现的能力，其实就是将你的知识和技能转化为资产的能力。这里的核心能力，一个是指你的专业硬技能，另一个是指通用软技能。

仔细回忆一下，在你的身上一定会有些事做得比别人更快、比别人更好。比如工作中老板让做个海报，设计师用 PS 软件做了一天，而你只花了20分钟就用PPT做完了,结果老板还更满意你的作品。这就是你的能力范围,你之所以天然比别人厉害,指向的其实是你背后的一个核心天赋。我的一位学员就把这种设计天赋,搬到了自己的副业上来。

又如,你发现自己在日常生活当中,特别擅长收拾房间和收纳整理,那就可以初步找到整理规划师这个定位。或者你是英语专业毕业的,有相关的教学经验,那就可以做与英语教学相关的定位。以上都是专业硬技能。

如果觉得自己并不那么擅长专业领域,你也可以从软技能出发。比如人际沟通能力、文案写作能力、演讲表达能力等都属于通用的软技能。我自己目前的定位"文案变现导师",也是帮助学员通过深耕软技能,从而提升销售业绩。

但是,一定要聚焦自己的核心能力,因为有些人有较多擅长的领域和优势,比如我自己擅长文案、英语、法语、PPT、销售等几个领域,但刚开始一定要做到聚焦于一点发力,只有单点聚焦才能把定位做深做踏实。

- **市场角度:有哪些受欢迎的方向**

如果你发现从身份或者能力的角度,都很难找到让自己怦然心动的定位,还可以从市场的角度出发。

你有什么不重要,客户需要什么才重要。想要拥有商业价值,就要考虑你的定位是否能满足别人的需求。商业的本质是利他。如果你的定位是真正可以帮助到别人的,那么就会有市场价值,从而实现转化。

比如,自媒体陪跑教练,就是现在非常热门的定位,因为在现在的经济形势下,副业已经变成一种刚需。而自媒体又是普通人实现个人价值的最好工具。当你真正把自己的自媒体账号做出一定的粉丝量,又有一套经实操总结的方法论,就可以帮助那些从零开始做副业赚钱的小白,带他们通过运营自己的账号变现。

稻盛和夫曾经说过："钱并不是赚来的，而是帮助别人解决问题后给你的回报。"

目前线上比较受欢迎的方向，都是用户的刚需痛点，如带人减重（减肥塑形教练），帮人做成交转化（成交顾问），帮别人拓客（流量增长顾问），帮别人操盘好项目（IP操盘手），带人做好自媒体账号（小红书或视频号陪跑教练）等。

要知道学员为我们付费，买的不是课程本身，现在市面上不缺好课程。他们的真正目的是解决问题，明白了这一点，你的定位才会更加精准。

让能力根植于他人的需求点上，这才是我们做副业赚到钱的秘密。

• **用户角度：留心他人的反馈**

可以去问周围熟悉你的人，在遇到什么问题时会第一时间想到你。或者发一个50元的收款码到朋友圈，让大家扫码付费，向你提问。

正所谓"局中人惑，旁观者清"，别人向我们提问的问题，多数会落在我们擅长的能力区间里，这会给我们的定位带来启发。

比如，我的"无痕文案成交法"并不是自己头脑中生发出来的，而是很多学员都曾经对我说过，看我的文案感觉如沐春风，不自觉就被我吸引了，由此我想到了"无痕成交"①。很多我们思索很久的问题，答案都在客户那里。

• **找到榜样人物，直接对标模仿**

如果目前没有拿手的绝活，就可以用榜样人物法。也就是说你可以找到几个榜样人物，去进行深度拆解、模仿，最后找到属于你自己的风格。具体怎么做呢？

第一步：写下你的榜样人物的名字，当然可能不止一个，也许是

---

① 客户主动找销售购买。

3~5个，没有关系，写下来即可。

第二步：拆解一下你的榜样人物：

①他身上都有哪些特别突出的能力呢？

②他目前在做些什么事？

③他有哪些产品呢？

④他的商业模式是怎样的呢？

通过深度挖掘榜样的成长历程，回答以上问题。

第三步：如果你想成为他，需要具备哪些能力？你目前还欠缺哪些能力？直接将他成功的经验复制到自己的身上，让自己也能够用类似的方式取得结果。

当你取得了一些成果之后，再去不断迭代自己，在这个基础上进行创新，这样就慢慢地找到了属于你自己的风格。

我的很多文案私教和弟子，都直接拿我作为对标人物。我做什么产品，他们前期也会马上模仿，因为拿到了课程授权，所以非常容易上手做出自己的课程。甚至很多学员学习一周，就开始文案私教弟子了。然后随着学习的深入再不断迭代，他们会在产品中融入自己的特色。

所以，定位是跑出来的，不是想出来的！一边学习，一边输出才是最快的方式！

另外，随着生命探索的深度，我们应该更多地从自己的内核角度去看。想一想，你的人生中有没有一些从小到大一直在探索的生命愿景？

问自己一个问题："这一辈子我为何而来？我想成为什么样的人？我到底要去向何方？"

等到那个时候，你可能不仅仅注重的是外在回报，而是生命的终极价值。如果我们的人生，抬头可以看到那个美好的愿景，低头又能够脚踏实地地走好每一步，我想这是我们每个人，真正内心想要去的未来。我们的定位，也逐步走向了人生定位的高度。

→ 如何不断夯实和优化定位

还记得我自己刚开始转型文案变现导师这一定位时，也曾经兴冲冲地做了一个产品和海报，发到朋友圈，心里美美的，准备坐等成交收款，甚至还想着万一太多人报名怎么办，要不要限制名额。

结果一点动静都没有。所以在我们确定了定位以后，不能盲目地开始做产品，而是应该去探测市场需求，向别人传递你的价值。

我的弟子玉探是一名认证天赋解读师，刚开始她非常纠结自己的定位，也不知道该怎么推出第一款产品，在这里卡了很久，也付费近六位数报了很多课程，依然摸不到头绪。

我们在一个高端付费社群里相识，我给她的建议就是做大量的一对一咨询，在这个过程中细心收集用户的问题，形成自己的课程体系。她很快找到了思路。

具体可以分以下3个步骤：

• 大量做一对一咨询

你需要通过一对一咨询的过程，把你之前的经验和技能，变成能解决别人问题的知识体系。将你学习到的东西，在实践中去反复运用和总结复盘，最后经过刻意练习，形成肌肉记忆，成为你的能力。

所以，我们可以在朋友圈和各种社群里，公布一对一咨询的福利信息。刚开始以免费或者低价的形式，在拿到好评反馈或者成功案例以后，再逐步涨价。

于是，我推动玉探把一对一咨询的福利名额，先发到朋友圈，再将她的专业背景和经验、能帮助用户解决的问题、得到的结果、福利名额的设置——发到朋友圈,同时注意塑造产品的价值,马上就吸引了6位用户锁定免费咨询名额。

然后再把咨询的反馈滚动到朋友圈,吸引下一波用户,很快福利名额就招满了。在咨询的过程中,我又提醒玉探每个电话都要录音,这样可以对关键点进行回听和再次梳理。

甚至她亲自告诉我,在这个过程中大大提升了自己做咨询的应变能力,能够更快速地诊断用户的问题,给出相应的建议。

- 收集客户问题,做问答库

在咨询的过程中,你会发现围绕自己先前确定的定位,用户关心的问题都是相似的。我们可以挑选5~10个具有共性的问题,做好记录和答案的整理。这一步很重要,为日后形成自己的课程体系做准备。

玉探就记录了8个用户最关心的天赋问题。

①天赋究竟是什么?

②应该如何挖掘自己的天赋才能?

③生日相同,天赋也相似吗?

④父母和家庭环境会给孩子的天赋带来影响吗?

⑤如何发展自身天赋,助力自己的事业?

⑥天赋和努力具有怎样的关系?

⑦如何把自己的天赋真正变成事业?

⑧如何充分发挥天赋优势,突破事业瓶颈期?

只要我们将以上问题归类并且找到答案,这样一门天赋课程的框架,就诞生了。

不过这里有一个前提是,你测试的人群要足够精准,是真实对你的定位有需求的用户,他们的反馈才是有价值的。

- **到目标人群圈子测试，看用户反馈**

我们可以在自己的朋友圈，或者付费进入一个目标人群所在的圈子进行测试。如果是付费进圈子，这个费用不需要太高，在你能承受范围的基础线上就好。

和群主沟通以后，广而告之你可以解决什么问题，看看有多少人来找你，他们来找你想要解决什么问题？

这里有3个细节要注意：目标人群所在圈子、承受范围内、付费群。

背后的原理是我们的目标人群必须满足3点：有需求痛点，有付费意识，有付费能力。如果不满足这3点，可以直接忽略该群体。

通过以上3个步骤，我们可以进行小规模测试，根据结果不断优化自己的定位。

于是我推动玉探推出这个天赋课程，做成收费项目，后端搭配文案私教。因为了解自己的天赋只是一个开始，如何通过天赋优势，开启线上创业，真正拿到一份不错的收入是大部分人的需求。结果玉探快速招募到自己的多名私教学员，实现了零的关键突破。

再举个例子，我自己刚开始的定位是"个人品牌打造师"，在测试的时候发现，有用户愿意为我付费，但是他们的问题普遍在于，不知道个人品牌是什么，更对开发自己的课程感到无从下手。

于是我把自己的定位调整为"个人品牌文案教练"，通过先带学员提升文案输出能力，以一技之长撬动自己的特长领域。因为打造个人品牌，关键是你的内容输出能力。调整完定位以后，我很快就开启了个人品牌变现之路，通过朋友圈完成了种子学员的招募。

另外，我还会要求学员们，先对自己的微信好友情况做一个摸底，因为对于刚入门的创业者来说，不建议舍近求远，最好的资源和客户就隐藏在你现有的人脉圈里，近者悦，远者才会来。

所以，我们可以整理一下自己的微信通信录，你可能会惊讶地发现，自己现有的微信人脉圈其实比想象中广，也一般都聚集在某个领域，从而可以判定自己在该领域拥有更多的资源。

比如，你现在刚生完孩子，在专注育儿的这个阶段，你可能会参加很多线上活动，或者学习一些育儿课程等，你就会不自觉地去接触和认识很多和你一样刚生完孩子、专注育儿的父母。因此，你的微信好友里会有越来越多和你一样关注育儿的人。因为你们都有共同的需求，那就是学习育儿方法，或者购买育儿相关的产品。

所以，如果你现在想要快速开启副业第一步，并且得到转化结果，可以先从自己的微信人脉圈出发，从最容易触达的目标客户出发，去找到他们的需求，然后围绕这个方向聚焦你的定位。

当你有了定位之后，我们再来判断它是不是一个长久的好定位，主要参照以下三个方面：

• **市场大**

比如，想减肥的人群一定大于增肥的，有句话说，减肥是女人一生的革命。那么如果你做增肥的定位就会非常受限。所以，定位的产品市场规模足够大，变现的概率也就越大。

• **需求刚**

比如，拿画画和赚钱相比，画画是兴趣爱好，但现在更多人的需求是赚钱。所以，想学画画的人一定不如想要赚钱的人多。那么，哪些是刚需的技能呢？比如教人赚钱，帮助女人变美、变瘦、变漂亮，老人变健康，小孩变聪明等。

• **复购强**

拿零食和口红对比，零食的复购率是非常高的，吃完就要买；而口红可以用半年或一年，有些女生不经常化妆，很久才用完一支。

另外，减肥产品也是没有复购的，因为减肥成功的人肯定不会再来找你；减肥不成功的，感觉没效果，更不可能找你。如果你是做减肥定位的，可以选择教学员指导身边的人减肥，从而提升自己的收入，这样才会有复购。

同样用这个方法，可以把很多定位做成终身复购。比如做理财的，设计后端产品，做定投的可以孵化定投理财师，让他们拥有自己的副业，招募学员帮助更多人。

做亲子的也一样，如果你帮助客户解决了亲子问题，还可以孵化她成为亲子顾问，招生讲课，输出真正有价值的内容，这样她既得到了教育方面的成长，同时也可以增加收入。

所以，如果你现在的定位不符合上述要求，就想办法设计你的后端产品，把它变成刚需长久的赛道。

有句话说：定位不当，终生流浪。如果一个人不清楚自己的定位，很可能一生都不知道自己究竟要去向哪里。现在很多人迷茫无措，不是没有目标感，就是好高骛远，根源就在于没有清晰的自我定位。

他们还会不断换职业、换行业，最后苦于没有深耕的方向而走向失败。所以频繁换赛道的原因，就是因为没有做好个人定位。

总之，在任何领域做到可以赚钱的程度，都必须要有清晰的定位和足够的专业积累。这个世上从来没有更简单的路，有的只是不断地自我蓄力，然后厚积薄发。

小试牛刀

作为想要入局副业的你来说，请根据下面的步骤梳理自己的优势和资源，找到个人定位。

①我是谁？

②我有哪些能力？

　　身份角度：

　　能力角度：

　　市场角度：

　　用户角度：

③我能帮别人解决什么问题？

④别人遇到什么问题，第一时间会联想到我？

⑤我的榜样人物：

⑥我的最终定位：

商业画布：盘点商业模式的得力工具

　　我曾在一本书里，读到这样一段话："人生就是要经营，经营生活，经营工作，经营爱情，经营家庭，才能不虚度人生最美好的时光。"确实，好的人生，需要我们用心经营。

　　在副业的道路上，我们常常需要一个人身兼数职，甚至同时具备多种技能。只有当你把自己活成一支队伍，学会自我管理和经营，才能真正收获副业带来的胜利果实。

　　这里介绍一个思维工具——商业模式画布，它不仅能用到企业的商业模式评估，同时也可以被用在个人的职业规划和价值分析上。

　　它就像是一张商业全景图，能够清楚地告诉我们自己的业务模式和框架是什么，需要聚焦哪些关键点，自身的优势和特色又是哪些，从而在我们遇到问题的时候给出指引。

→ 商业模式才是经营的关键

商业模式，本质上回答的是我们通过什么样的方式更好地实现收益。

当你开始想做副业的时候，可能不知道该从哪点起步。那么，我们先给大家介绍目前市面上存在的五大类商业模式，供大家了解。

• 个人模式

像我本人一样，一个人完成引流、成交、交付一整套商业全流程，没有助理，真正把一个人活成一支队伍。

这种模式的好处是完全的灵活自由，全部由你自己说了算，不用顾忌任何团队成员的想法。劣势是对一个人的能力要求比较高，而且没有管道收入，一旦停止就没有了收入。

• 合伙人模式

合伙人模式就是通过付费投资组成某种联盟，共同推广某项产品，按比例分成。一般合伙人不仅可以卖核心产品，还可以卖"合伙人"这个权益身份。

这种模式的好处是只需要设置好分销奖励，就可以通过合伙人的力量进行宣传和裂变。劣势是可能难以长久，因为商业的本质是把产品送到使用者的手里，而非让更多人成为推荐者。

• 项目合作模式

对于从事副业者来说，不建议轻易和人合伙开公司，而是推荐以项目的形式合作，一单一议。而且找合作伙伴的时候，要找能充分互补的，而不是强强联合。这样能在一些关键决策的制定环节，节省大量时间和精力。

比如，擅长引流的和擅长交付的创业者合作，各自完成自己负责的板块，这样的合作更能成事。

- **带货模式**

带货模式是新人比较容易上手的模式，只要销售产品即可，无须交付。但是由于客单价相对较低，所以想要开启这个模式，就需要相当大的流量池。

由于这是一个轻交付、重流量的模式，所以选品就非常关键，要真正选择高频率、高利润的产品。

- **公司模式**

如果在创业的稳定期，我们已经跑通了整个闭环，并且拥有了不错的营收情况，也可以考虑组建公司。因为这种模式需要在日常协调各个部门，做好各种激励机制的设置，所以要有一定的管理能力。

在电影《中国合伙人》里，王阳说过一句话："不要和最好的朋友合伙开公司。"在利益和权力的矛盾里，三兄弟的分歧也越来越大，最后到了分道扬镳、退股走人的地步。

所以，选对模式可以帮助我们轻松发挥自身优势，实现效率最大化。对于想兼顾主副业的我们来说，时间和精力有限，多数人最适合个人模式，特别是知识服务行业，做知识IP，或知识操盘手和运营人员，不依赖于硬件和规模，而是以个人的智慧和知识为基础创造价值。

其次，带货模式和合作项目模式，遇到合适的货品和合作伙伴，也可以纳入考虑。而开公司和合伙人模式，适合后期做得很成熟的时候再去尝试。

→ **洞察副业增长的"作战地图"**

当我们开始做副业，其实就是实现个人产品化，把自己当作商品和品牌来经营。

看到这里，你也许会觉得有点抽象，这个时候我们就需要一个工具来帮助我们具象化理解。

推荐从企业商业画布延展出来的个人商业画布，用好它，我们就好像有了"作战地图"，地图在手，心里不慌，路上不迷糊。

它包含以下9个要素，分别如下：

• **核心资源**（我是谁，我拥有什么）

我的兴趣、技能、价值观、幽默感、教育程度、人生目标是什么？我拥有什么样的知识、经验、人脉以及其他有形和无形的资源或资产？

• **关键业务**（我要做什么）

在日常工作中，我经常做的事情是什么？

• **客户群体**（我能帮助谁）

谁支付给我报酬？谁会从我的工作中获益？我的工作会给哪些更大的群体带来好处？

• **价值主张**（我怎样帮助他人）

我该怎样帮助别人完成任务？客户可以请我完成什么工作？达到什么目的？会给客户带来什么好处？

• **渠道通路**（怎样宣传自己和交付服务）

别人是通过口碑、网站论坛、文章讲座、销售拜访还是广告宣传了解我的？我是通过哪些渠道去交付价值服务的？

• **客户关系**（怎样和对方打交道）

是面对面的直接沟通还是电话邮件之类的间接联系？是一锤子买卖还是持续性服务？

• **重要合作**（谁可以帮我）

哪些人能支持我的工作，帮助我顺利完成任务？

• **收入来源**（我能得到什么）

我能得到什么样的"硬"收益？如工资、合同费或专业服务费、股票期权、版税及其他现金收入、健康保险、养老金、学费补助等。

又能得到怎样的"软"收益？如满足感、成就感和社会贡献等。

- 成本结构（我要付出什么）

我要付出什么样的"硬"成本？比如，培训费或订阅费、交通费、工具或服装费；互联网、电话、运输或水电费用。

又要付出怎样的"软"成本？比如实施关键业务或重要合作导致的压力感和失落感。

接下来就以我自己的定位"文案变现导师"举例，带你一起画出属于自己的商业画布。主要分为以下九大模块，然后每个模块做深度的拆解。

我来逐个模块给你做讲解，用商业画布来分析"自己"这个产品，见表4-1。

表4-1 商业画布示例

指标名称	定义	文案变现导师
核心资源	我是谁，我拥有什么	畅销书作家；9年创业实战经验、贯穿公域和私域整套经过验证的体系化打法
关键业务	我要做什么	课程设计、教学、课后跟踪、学生辅导
客户群体	我能帮助谁	想要开启事业第二曲线的职场人士或是想要提升收入的自由职业者、在职宝妈、实体店老板等
价值主张	我怎样帮助他人	通过手把手带学员提升文案这项硬核技能，再加上自媒体引流，带领更多想要探索人生可能性的职场人士或者其他想要提升收入的人群，找到事业第二曲线，从而拥有内外富足的人生

续表

指标名称	定义	文案变现导师
渠道通路	怎样宣传自己和交付服务	小红书、视频号、公众号等自媒体平台
客户关系	怎样和对方打交道	体系化课程、定期跟进、个性化一对一指导、手把手修改文案
重要合作	谁可以帮我	付费学员
收入来源	我能得到什么	学员的报名费、训练营授课费、版税
成本结构	我要付出什么	教学资料印刷、课堂设备费用

- 找对人，清晰客户画像

市场有一个有趣的现象，很多人代理一款产品的原因是，觉得产品本身好，于是就决定付费加入，并且认为拥有好的产品就能做好一份事业。但真的是这样吗？往往做了一段时间后，这部分人就会出现同样的困惑："为什么我的产品明明很好，价格也不贵，可就是卖不出去呢？"

其实，在这个时代最不缺的就是产品。好产品不一定能够让你从中赚到钱，但假如你有一群精准客户，那就可以围绕这群客户去销售他们需要的产品。

一定要搞清楚哪一群人会付钱购买你的产品，然后再围绕这些人群，设计你的营销流程，否则你的变现就无从谈起。

作为文案导师，我的目标客户有以下几类：

①想要开启事业第二曲线的职场人士。
②想要提升收入的自由职业者。
③想要摆脱手心向上的在职宝妈。

④想要实现业绩倍增的实体店老板。

⑤拥有一技之长想要实现价值变现的专业人士等。

由于用户在互联网上购买产品或者服务之前,首先接触到的就是我们的产品文案。而当我们掌握文案技巧,就能洞察用户思维,真正写出引导他们主动下单的商业文案,从而轻松提升业绩。所以以上几个群体,都是我的目标客户。

• 做对事,明确价值主张

价值主张,是指我们在市场中与竞争对手的区别,也是客户做出选择背后的原因。

我们在绘制商业画布的时候,可以思考一下自己的产品或服务,能给客户创造什么价值?能解决他们什么问题?要把好处和价值罗列出来,提炼成主张,然后告诉我们的目标用户。

比如,我的文案课程特色是每条文案手把手修改,一对一为学员解决问题,只有这样的重度交付,才能让他们得到有针对性的反馈和指导。因为好的文案不是写出来的,而是一个字一个字改出来的。文案思维也是在这种手把手带教中,潜移默化植入的。

而我的价值主张是,通过手把手带学员提升文案这项硬核技能,再加上自媒体引流,带更多想要探索人生可能性的职场人士或者其他想要提升收入的人群,找到事业第二曲线,从而拥有内外富足的人生。

• 会选路,选择渠道通路

产品或服务的渠道是指我们将产品或服务传递给最终用户的方式。选择对的分销渠道,可以提高产品或服务的销量。

我的课程以线上为主,所以我主要通过做自媒体博主的方式,去公域平台吸引想要开启副业的人群。目前我在深耕两个平台,分别是小红书和公众号，小红书 2023 年开了 6 个账号，全网合计粉丝 5 万以上，也曾经挑战公众号日更 100 天，这些都为我带来了不少精准流量。创业 9 年，我也一直在积累自己的私域人脉，目前 4 个微信号共有 3 万多好友。

• **会服务，强化客户关系**

客户关系对我们事业的成功起着重要的作用。良好的客户关系可以提高客户忠诚度、增加销售额、提升口碑等。

为了把价值提供给客户，你需要找到他们，和他们建立联系，并形成良好持久的客户关系。

我的常规课程主要有训练营、私教和弟子班三款。训练营以体系化课程、集体答疑为主。私教和弟子班以个性化一对一指导、手把手修改文案、定期跟进为主。

我把自己 90% 的副业时间，都用在了学员交付上，所以他们经常反馈说，不管问我什么问题，我总是能够第一时间响应，给予手把手指导，让他们特别有动力和安全感。

所以，即使我不主动营销，也总能收到学员主动报名，这就是做好全力用心交付、维护好客户关系的结果。

• **懂收益，确定收入来源**

收入来源这一模块代表了从每一个客户群体获得的现金收益。包括销售产品或服务收入、订阅或会员费、广告收入、版权收入、租金收入等。

你给客户提供价值，客户付费买单，你获取利润，这是你创业的最终目的。这看起来是很简单的一个道理，实际操作起来却并不简单。

对于热衷一份小而美事业的我来说，收入来源比较单一，主要是学员支付的学费收入和写书的稿费收入。教育和写作都是我的心之所向，也会给我带来不竭的动力。

- 盘资产，分析核心资源

核心资源这个模块描述的是保证一个商业模式顺利运行所需的最重要的资产。

在创业中要做成一件事，一定是你在某方面有特别的优势，这个优势就是你的核心资源。如果没有想清楚这点，就不要盲目开始。

我的课程特色是私域文案成交和公域自媒体引流，这是一套集合我自己9年创业经历总结而成的实操方法，能帮助用户在不主动私聊的情况下，轻松提升业绩。通过手把手带教打通整个定位、产品、流量、成交和交付的变现闭环。我的学员们目前都真实拿到了4~8位数的收入，这就是我课程的核心优势。

- 拎重点，明确关键业务

为了给客户提供价值，获取利润，让你的商业模式运转起来，你需要运营一些关键业务，这些直接决定了你的商业成败。

我自己的关键业务包括两方面，不断迭代升级课程体系（目前已经迭代了7个版本），以及学员的辅导和定期跟进。只有让学员更快拿结果，才是我做教育的初心。所以我的关键业务都是围绕学员交付展开的。

- 找朋友，界定关键伙伴

很多时候，你不可能一个人完成商业模式闭环，即使业务很简单，也会需要整合其他伙伴，一起来给客户提供价值。

供应商、物流、平台、盟友等，他们都是你的合作伙伴。你只需要搞定自己的关键业务，其他的可以交给合作伙伴。

对我来说没有生意上的合作伙伴，我可以一个人完成引流、成交和交付全流程。但是我一直相信师生之间就是一种双向奔赴，所以我的伙伴就是学员。

我会经常为他们搭建分享舞台，帮助他们充分锻炼自己的能力，在实操中收获更快成长，同时师生之间的交流协作，也是一种互相赋能。从他们的反馈中，我也能收获更多前进的动力和决心。

- **会算账，研究成本结构**

为了让商业模式运转起来，你要付出什么成本，哪些是最大成本？这需要综合考虑你的核心资源、关键业务、价值主张等因素，做这些事要投入多少人力、物力、财力？哪些环节要重点投入？哪些环节要提前投入？

因为成本要是没搞清楚，要么赔本赚吆喝，要么把资源浪费在无关紧要的环节上，最后导致创业失败。

而个体创业最大的优势就是，无须支付房租和其他各项高额的成本，主要是讲课的设备费用（包括硬件和软件，比如直播架、录音笔、腾讯会议的会费、小鹅通年费）和资料印刷费等。这是一份真正轻资产投入、高回报的事业。

把上面9个环节想清楚，你的商业模式就会清晰起来。不管你要创业，还是做个人规划，都可以套用这套模型，完成整个商业闭环，大家赶紧在后面的"小试牛刀"环节填起来。

为了让大家更好地理解，我们下面再附上2张商业画布样例，供你填写参考，如表4-2、表4-3所示。

表4-2 英语老师Lily的商业画布

指标名称	定义	英语老师Lily
核心资源	我是谁，我拥有什么	211师范类大学英语教育硕士；14年教学经验、托福116分
关键业务	我要做什么	辅导学员提升英语听说能力
客户群体	我能帮助谁	备考学生、兴趣学习者、商务人士

续表

指标名称	定义	英语老师Lily
价值主张	我怎样帮助他人	提供考试提分方案，听说能力的定制英语辅导
渠道通路	怎样宣传自己和交付服务	个人社交媒体（小红书和视频号）、在线教育平台
客户关系	怎样和对方打交道	定期跟进、即时Q&A、个性化付费
重要合作	谁可以帮我	教育机构、在线平台
收入来源	我能得到什么	课时费、在线课程销售收入、私人辅导费用
成本结构	我要付出什么	教学资料定制费、平台使用费用、在线服务订阅费、广告费

表4-3 自媒体博主万万的商业画布

指标名称	定义	自媒体博主万万
核心资源	我是谁，我拥有什么	全网粉丝超过50万的旅行博主、知名平台签约作者、曾任职大型互联网公司
关键业务	我要做什么	旅行短视频创作、广告合作、自媒体课程教学
客户群体	我能帮助谁	品牌方、想运营自媒体的学员
价值主张	我怎样帮助他人	用美好的旅行作品倡导热爱生活、为品牌方做宣传、自媒体知识教学
渠道通路	怎样宣传自己和交付服务	全网主流自媒体平台如小红书、视频号和抖音，自主研发自己的课程
客户关系	怎样和对方打交道	内容更新、评论互动、课程服务、发布广告

续表

指标名称	定义	自媒体博主万万
重要合作	谁可以帮我	内容平台、品牌方
收入来源	我能得到什么	付费课程收入、品牌方合作广告费
成本结构	我要付出什么	学习费用、创作工具费用、摄影／录音设备费用、旅行交通费等

→ **用商业画布助力持续经营**

在今天这个轻资产创业的时代，想要事半功倍就要讲科学，要用好工具，在初始阶段用好商业画布这个工具，先做好基本内在设计。

没有基本的内在设计，一上来就直接进入构建阶段，各种复杂的要素容易缠绕成一团，很快就会让人乱了头绪，难以进行有效的调整与升级。以至于越做越辛苦，越做越迷茫。

就像很多创业者刚开始的第一步，就是租场地、搭建团队。看上去声势浩大，但是因为没有设计好商业模式，最后做了大量的无用功，只能以失败告终。

如果你已经参考上一章节的内容，完成了个人商业模式画布的初步绘制，那么接下来，我们需要结合以下的步骤继续进行调整。

• **深度结合自身天赋优势来优化画布**

只有清楚地知道"我是谁"，才能明确你的核心资源，核心资源又会决定了你的个人定位，定位决定你的选择，选择决定你的投入，投入则意味着你人生某段宝贵时间、金钱、财富的付出。而只有正确的投入，才能换来与付出对应的回报，否则换来的可能是消耗和浪费。

当我们画完了商业画布，建议可以继续从兴趣、技能、个性三个方面进行自我探索和优化。同时我们可以借助一些工具，比如，个性特色可以通过 DISC 和 MBTI 测评进行判断，兴趣和技能可以通过霍兰德职业兴趣倾向、兴趣岛、能力测验等进行梳理和日常验证。

- **圈出画布中你不满意的模块，诊断并优化**

圈出当前画布上你不满意的模块，并且进行逐一的思考和诊断，会出现以下常见的 4 种情况。

① 你对现在做的事不是很感兴趣，不太能找到全心投入的状态？

可能是你的核心资源（我是谁）与关键业务（我要做什么）之间不匹配，那就意味着你需要调整你的定位和方向。

我们的个人定位，有做房产的，家庭教育的，文案的……可以问自己一个问题：你现在做的事，是发自内心地热爱吗？

因为只有当你在做发自内心热爱的事情，才能坚持，也会乐在其中。当你碰到困难、挫折的时候，也更加有持续下去的动力和决心。

② 你感觉到自己的能力不够用，无法支撑你的关键业务？

能力的缺失会导致你难以高效地完成关键业务，你的压力会增大。你可能需要通过参加培训或者自我提升来快速提升你的相关能力。

比如，在副业的道路上，我选择了文案定位，也就意味着需要不断学习和精进各方面的能力，包括做内容获客的能力、成交用户的能力、讲课和交付能力等。

③ 你对自己的收入不满意，没有达到预期？

如果你不满意现在的收入来源，那么就要从你的核心资源出发，探索是否还有其他收入渠道；或者从你的价值服务出发，思考你还能为客户提供什么延伸服务。

例如，文案这个定位，收入渠道就有很多种，不仅可以成为文案导师，还能帮用户代写朋友圈文案、代运营自媒体账号、代写个人品牌故事、操盘社群发售等。我们都可以用这种方法拓宽思路，从而丰富个人的收入来源。

④你提供的产品服务里，用户口碑平平，转介绍率低？

这可能是因为你的产品没有真正解决用户痛点。

例如，在我的商业画布里，手把手带学员提升文案能力只是工具和手段，用户的主要目标是提升业绩和收入。所以我的教学模式就不仅仅覆盖文案一个板块，还涉及个人品牌打造、自媒体引流、私域朋友圈自动成交、社群运营和发售等。毕竟能解决用户问题，才是真正有价值的。

没有经过市场验证的个人商业模式都是纸上谈兵。所以，我们可以通过跟用户交谈，收集他们的反馈，来测试个人商业模式成立的可能性，并进行反复调整和更新。

- 明确人生目标来引领画布

目标属于画布外的要素，却指导了整块画布的发展方向。如果你现在做的事，无法和未来的人生目标保持一致，你遇到的问题就会反复出现。

很多人副业做不好，容易产生各种迷茫、纠结、无意义感、较劲等情绪，就是缺乏清晰的人生目标。

做副业的道路上，我们要多问问自己，你的人生目标是什么？你的愿景是什么？而不只是纠结于自己的技能能够胜任什么。

就像在副业的道路上，如果你只抱着赚钱一个目标，会很容易在成绩中迷失自己，或者在遇到收入瓶颈时，陷入无尽的内耗和焦虑。

让我们找一个放松的环境，来问自己几个问题：你理想的生活状态是什么样的？假如你遇到了十年后的自己，你觉得自己应该是什么样子的？你有哪些价值观是特别想坚守的？

看看是否有答案，多次做这样的练习，直到你脑海中的画面越来越清晰。

如果没有也别灰心，带着这个问题前行，人生愿景就像一个画卷，在我们的生命中缓缓展开。

综上所述，个人商业画布是一个非常好的商业顶层设计工具，帮助你清晰自己做副业的全貌景象，用全局视角看待当下情况，让我们拿着这个"作战地图"来让副业一路生花，美好灿烂。

小试牛刀

请你根据商业画布的9个维度，对自己目前的商业模式进行剖析和梳理，尝试画出属于你的"作战地图"。

核心资源：

关键业务：

客户群体：

价值主张：

渠道通路：

客户关系：

重要合作：

收入来源：

成本结构：

内容杠杆：一套精准获客方法，涨粉不停

流量，是一切生意的命脉。

在我周围有很多一起开启个人品牌事业的伙伴，前两三期招生做得风生水起，可是没多久，都会遭遇流量瓶颈。在私域流量被耗尽之后，我们就需要从"公域大海"里引流到"私域池塘"。

我在私域深耕 8 年后，在 2023 年做了一个重要的决定，那就是突破舒适区，带学员们进军公域并成功通过内容引流变现百万以上。

当今互联网时代，流量之争也愈演愈烈，各大平台都不惜用尽各种手段，来实现涨粉吸流量的目标。对于每个互联网轻创业者而言，获客最好的途径，就是输出真诚优质的内容。而社交媒体，就是游戏规则的制定者，因为几乎每个上网的人都有一个社交媒体账户。

→ 一张表讲清主流平台差异

每位创作者可以用好社交媒体账号来接触新用户，并和潜在客户进行高效互动，影响新用户心智。

为了帮助学员找到涨粉效率最高的方式，我自己曾经尝试过各大平台，包括小红书、公众号、视频号和抖音。曾经日更短视频一个月，日更公众号 100 天，日更小红书整整半年，在这个过程中我把每个平台的流量密码总结成表 4-4。

表 4-4 各大平台引流效率一览表

平台名称	小红书	公众号	抖音	视频号
平台特色	用户品位较好，高颜值和精致化内容易受欢迎	用户规模大，覆盖面广，传播有效性高，营销方式灵活	流量池大，以用户体验优先，娱乐属性，搞鬼内容易有较高流量	用户年纪大，适合鸡汤、正能量、社会热点去中心化

续表

平台名称	小红书	公众号	抖音	视频号
缺点	注意遵守平台规则，避免被限流	发文数量有限，涨粉相对较慢	流量向明星和网红倾斜	推荐机制是熟人之间，对私域流量有一定要求
建议	对新人非常友好，有各种新人曝光奖励	内部赛道，方便公开引流私域	需付费投流，对普通人不友好	微信生态链路完整，微信、社群、朋友圈、视频号、公众号，适合做私域营销
引流触点	笔记、简介、评论区、群聊、私信、封面签到、直播	客服消息、"搜一搜"、菜单栏、自动回复、付款后跳转、公众号广告	背景墙、账号简介、评论区、私信、抖音小店、粉丝群、直播、客服回复	账号昵称、个人介绍、私信、视频介绍、直播、评论区链接跳转、公众号扫码

公众号：用户规模大，覆盖范围广，方便引流到私域，但是涨粉相对较慢。

抖音：偏娱乐化属性，流量向大V和网红倾斜，普通人入场需要付费投流。

视频号：采用熟人推荐机制，用户年纪偏大，适合鸡汤、正能量和社会热点的发布。

小红书：干货内容价值高，人群整体素质佳，特别适合普通人，新手入局有红利。

不同平台机制和调性不同，每个人可以依据自己情况来选择1~2个平台深耕，建议在一段时间内聚焦某个平台，没有团队的情况下，不要一上来就全网布局，而是深耕某个平台。

→ 做自媒体账号的三大误区

虽然人人皆可做自媒体，但在开拓涨粉的道路上并不是一帆风顺的，80%以上的人容易掉入3个陷阱。

• **盲目开始，自嗨而不知**

很多人开始做公域平台，兴致勃勃，上来就一顿操作猛如虎，完全凭着自己感觉来。无视平台调性和规则，不做任何调研和学习。

例如，新人容易把小红书笔记直接当作朋友圈来发，结果自然是不尽如人意。

• **创作不得法，用心却收效差**

很多人做自媒体内容会只停留在纯干货阶段，虽然内容很饱满，自己做得也很用心且专业，但缺乏情绪表达、找不到有共鸣的选题，最终导致"一篇痴心错付"，观看、点赞和评论数据寥寥无几，流量吸引不住，更别说后面的转化到私域。

比如，我们一起来对比以下两个封面标题：

① "这几个关键词可以提升流量。"
② "救命！我终于发现了爆款标题的流量密码。"

上述两个标题你认为哪个流量更高？显然是第二个，因为它更能带动情绪，引发关注和共鸣，所以做流量就得尊重人性、尊重算法。

• **对平台规则不敏感，无意中触碰红线**

每个平台会有一些红线不能轻易触碰，一旦触碰，轻则影响搜索权重，重则被一段时间内封号甚至是永久封号。

我自己在小红书平台就有过一次这样的低谷经历。当我耐心拆解别人的优质笔记，终于迅速起号，一个月涨粉4000，变现8万元。可是还没高兴几天，因为一个失误影响了搜索权重，只能重新开始运营一个新号。

在这里，我总结了目前各大平台的红线规则，能让你轻松规避不必要的封号风险。

公众号：属于各大平台中最宽容的，只要不是过度导流，一般都不会被判违规。但注意不要涉及与政策相关的敏感词、虚假谣言或者有抄袭行为。

视频号：比公众号稍显严格，如果内容创作方向改变，或者质量不佳，就会被平台限流。如果有明显诱导用户关注及添加微信，或者诱导用户刷屏和打赏的行为，严重的也会被封号。

抖音：关注对未成年人的保护，所以低俗、暴力类的视频是严格禁止的。没有实际意义、没有音乐、没有口播或者纯硬广、有水印的视频也是不被推荐的。千万要注意的是，新号期间不要留联系方式，会被限流或者封号。

小红书：平台规则最复杂，使用不正当手段提升自身流量或笔记互动量的，很容易会被限流。另外还有其他原因会被限流，比如违规注销重新注册的号或者发布纯产品类的账号，账号内出现多篇笔记违规，因为价值和抄袭等原因被他人恶意举报等。

正所谓无规矩不成方圆，我们每一个自媒体账号运营者不可轻视平台的规则，应对平台政策保持敏感度，尤其是一些相对高速发展的平台，比如小红书和视频号。

→ 小红书平台的黄金内容公式

每个平台涨粉规则不尽相同,小红书平台对新人友好,变现强,这里我们以小红书平台为例来讲解。我在小红书用了3个月的时间涨粉1.6万,轻松迎来了流量的井喷期,而且吸引的用户特别精准,引到私域直接成交,就此总结了一个万能流量公式:

流量引爆＝黄金选题＋吸睛封面＋爆款标题

如果你要问我,做小红书什么最重要?是标题、封面、选题、剪辑、文案还是表现力?我会毫不犹豫地回答,是"选题"!

选题,就是对笔记内容的设想和构思,是作者希望向用户传递的主要信息,是创作者能够实实在在直接为用户提供的干货或者实际解决的问题。找对选题,是迈向成功的第一步也是最重要的一步,做到先胜而后战。

其实小红书后台为创作者提供了很多便捷工具,方便我们直接获取选题灵感。

① 在"发现页"多搜索和寻找所在赛道的优秀笔记,官方就会给你推荐海量相似的内容。

② 在"搜索栏"输入内容关键词,查看下拉菜单,就可以看到细分选题,排名越靠前的热度越大。

③ 点击"我"页面的左上角三条杠,进入"创作中心",就可以找到笔记灵感里面官方推荐的热点选题,可以找到和自己相关的赛道进行创作。

④ 有内容优质的对标账号就关注起来,在关注页可以看到他们的更新内容,方便分析同个账号不同热度的笔记内容。

接下来重要的，就是封面和标题了。

小红书是双信息流的展示形式，所以内容精美的封面不仅能直接传达笔记内容和主题，还能第一时间吸引到用户的注意力。从而让你的内容迅速脱颖而出，获得更多的关注度。

很多人觉得做好封面就一定要去系统学习设计和排版，其实并非如此。只需要选择1~2款手机App，就可以直接搞定，比如稿定设计、黄油相机、醒图和可画等等，都有可以一键套用的现成模板，既省时又美观。我自己就选择了套用模板的方式做封面，每次只需要3分钟就能完成，而且封面保持一致，非常美观。

做公域是一场开卷考试，市场已经把答案，都放在你的面前。人人都想做爆款，爆款也并非大家想象中那么难，我认为爆款内容＝平台喜欢＋用户喜欢。

一篇笔记发布以后，会经历通过审核（如有违规内容，将不会被系统收录）——标签分类（根据你设置的标签，提取高频词进行分类）——进入流量池——根据CES算法[①]进行流量分配。而CES评分标准＝点赞数×1分＋收藏数×1分＋转发数×4分＋评论数×4分＋关注数×8分，所以如果你根据这个公式，拿到更多的分数，就等于手握黄金流量密码。

点赞这个动作是用户对内容发布者的一种价值观认同。这就需要你产出的内容是真实地站在用户的角度去考虑的，容易引发共鸣。

收藏这个动作，是一个微妙的行为。如果你的内容很长，或者很有实操性，可能还需要反复再看，就会进入读者的收藏里，即使很多时候用户未必会真的再翻出来看。

评论这个动作，从本质上来说，是一个让用户参与到内容创作的过程。

---

① 全称为Community Engagement Score，即社区参与度评分，是小红书用来评估笔记质量并决定其初始排名和是否继续推送流量的一个模型。

我们可以多用一些钩子，或者设置一些槽点，吸引用户留言关注。一般我自己会通过送福利留钩子、用自己的原创朋友圈文案截图种草的形式，引导用户评论。

转发这个动作，大多出现在用户觉得文章内容实用、有价值时。所以，"实用性"是衡量一篇文章是否被转发的最重要因素。其次，如果文章中传递的情绪能够引起他们的共鸣或者认同，那么想要转发的意愿也会很强烈。

关注数的得分最高，如果用户只认同你说的内容，但觉得对自身没有什么用处，那么他不会轻易关注你。所以，这就需要你产出的内容是真实地站在用户的角度去考虑的，千万不能只顾着自嗨。

我们可以从后台调取自己的数据，保持对数据的敏感度。以我为例，我的转粉率一般接近 2∶1。也就是说将近 50% 的用户，在看完我的主页以后，会选择直接关注我的账号。这个转粉数据非常不错，因为我的内容足够垂直，保持封面统一，而且坚持日更，能够引发用户想要持续关注的欲望。

只有有用的东西才会被留下。在现如今的互联网环境下，鱼龙混杂的产品很多，用户的警惕性也会很高。做流量的本质还是"利他"，只有你的内容真正地考虑到了你的用户，他们才会给你真正想要的反馈。

此外，做公域平台要不要花很长时间？其实熟练掌握方法后，我们能做到低投入、高产出、高效率运营公域平台。

我自创了一套图文起号的方法，每天只需要 10 分钟，就可以输出一篇爆款笔记。因为图文相比视频而言门槛很低，普通人更容易上手，再配合相对垂直的内容，在没有任何助理的情况下，我一个人先后运营了 5 个账号，都在短时间内快速起号，实现精准引流。

后来我把这套方法复制给了我的弟子们，他们都在短时间内，持续涨粉，每天引流精准用户。多名弟子用了1~3个月的时间，轻松涨粉6 000~13 000不等，而且直接成交陌生私教。

此外，除了小红书，其他平台的涨粉引流的大逻辑类似，都是以用户思维来反推内容产出，重视有共情力和价值感的选题，重视标题以及做好强互动。

千万不要低估自媒体账号的重要性，它是普通人离钱最近的平台，只要你的内容好，流量面前人人平等。

综上所述，本节的讲解使我们明白：利用好内容杠杆，研究每个平台的调性和规则，坚决杜绝"自嗨思维"，用利他思维做真诚走心的内容，我们就能解锁如何做到低成本高效引流，困扰大部分创业者的流量问题会自然消亡。

小试牛刀

①目前你在运营哪些公域平台？参考如下模板，复盘一下目前的账号情况。

账号名称：

粉丝数量：

引流数量：

最高阅读量：

最高点赞量：

②看完本章，如果你现在开始做小红书，请列出最重要的3个行动计划。

如果你已经开始运营小红书，则列出你的3个涨粉优化动作。

产品搭建：快速构建品牌护城河

如果内容是建立起初步信任的载体，那么产品就是来巩固这份信任的。

通过产品可以帮助用户解决他们的某一个问题，或者是他们想完成但一直未完成的任务。而用户为此支付费用，来对等你给他们输出的价值，这才是良性递进的商业流程。

→ 常见的六大产品体系

如果需求是市场，优质服务是获得财富的本质，那么产品，就是我们提供服务的载体。

在创业的路上，一定要有自己的付费产品作为抓手。因为用户真正愿意付费购买的是解决问题的价值。而产品，就是用来进行价值交换的媒介。

疫情过后，人们对于第二技能的需求不断上升，根据相关报告显示，知识付费的行业规模已经突破1100亿，付费人群突破6.4亿人。80.1%的消费者会继续购买知识付费类的产品。

随着经济的发展，各行各业对于职业技能的要求也变得更高。单一的技能已经无法满足新兴产业的岗位需求，而无处不在的"内卷"也不断增加着人们的精神压力。

大家对精神类产品的需求不断上升，对于知识付费产品的消费意愿极为强烈。所以知识付费赛道在未来5~10年依然具有相当的发展潜力。

那么大家目前都在消费哪些知识型产品？我们用一张图为你讲解清楚（见表4-5），大家也可以回忆一下自己曾付费过的产品。

表4-5 知识付费常见课程类型

产品名字	产品特色	建议
一对一咨询	如果你在某一方面有一定的知识储备和经验方法,比如育儿、英语、创业、情感等,那就可以通过一对一咨询,来开启副业变现	前期可以通过免费咨询积累案例,后面逐步提高收费标准
录播课 (8~30节)	你可以将自己在某方面掌握的知识做成录播课,收费几十到几百元单独售卖,甚至也可以低价提供给意向用户,让对方快速信任你,然后转化其他高价产品	不需要提供社群服务,更加高效;在制作录播课时,建议每节课程时间不宜过长,15~30分钟较合适,方便用户更好地吸收内容
训练营 (7~30天)	如果你在你的定位领域有了比较深厚的积累,可以开启训练营,帮助用户达成某个具体的目标,一般是授课+作业+实操+点评	建议时间不超过30天,同时安排5~8节课左右较合适,有助于用户安排好时间参与,聚焦学习课程内容
私教/弟子班 (季度、半年度、年度)	如果你在某些方面的知识和技能得到别人的认可,比如你擅长教别人英语表达、教人理财、教人副业赚钱,用户想要跟你深度学习,那么你可以推出私教服务,包括按季度或者按年收费	关于私教的定价和权益,需要根据你能为学员创造的价值来定。一般私教产品包含多次一对一咨询服务
私董会 (年度、终身)	是一种新兴的学习和交流模式,主要鼓励大家互相链接。私董会的关键词是"圈子",你需要充分挖掘入会者的资源和优势,同时为其匹配有价值的资源	以链接人脉为主,是一个圈子型产品

续表

产品名字	产品特色	建议
闭门会/线下课/线下沙龙（半天、1~3天）	顾名思义一般采用线下的形式，在1~3天的时间里，深度、全面、体系化地分享某个专业领域的知识点与实战经验，轻运营的还有半天的沙龙	是线上学习形式的补充，以线下面对面的方式方便参与者互相交流学习

以上是知识付费常见的6种课程类型。当你要设计自己的产品时，又该如何入手呢？

→ 搭建产品体系的思维模型

产品体系在个人品牌创业中是最核心的一环。一个完整的产品体系包含入门产品/引流产品、爆款产品/信任产品和利润产品3种。

入门产品就是咱们常见的体验营，一般定价为9.9元、19.9元、29.9元等。目的是带来流量，促使犹豫的用户下单，所以要让用户感受到入门产品的价值和服务。它具有低成本高价值、可批量复制的特征。

爆款产品是销量最多的产品，要能解决大部分用户的痛点，还要超值交付，以提升你的口碑，让用户自发地为你转介绍、宣传产品。

利润产品针对的是高端用户，一般是一对一服务，比如私教班和弟子班，根据学员的实际情况来进行指导，也可称为定制服务。

例如，我的入门产品是3天文案体验课和14天发光计划训练营，爆款产品是2个月文案高手私教服务，利润产品是1年的文案IP弟子班。日常只需要运营3个产品，把重心都放在私教和弟子的交付上，这种真正小而精的产品体系才是做副业的首选。

定价分别是9.9元、899元、9800元和45 000元，价格层层递进，服务内容和权益也相应增加。训练营可以学到系统的文案写法，私教班有一对一的文案指导和修改服务，而弟子班是手把手带你搭建整个变现闭环。

在跑通文案这套课程体系以后，我又开始设计流量引爆训练营和私教服务，进一步丰富个人品牌服务内容。

对于做副业的我们来说，一个人要身兼数职完成课程的设计、销售和交付，所以我们可以把大部分的精力放在服务私教上。深度成就少数人，把自己更多的时间、精力给那些愿意和我们深度连接的人。一方面确保拥有一份不错的收入（年度私教一般收费上万元），另一方面可以真正手把手带学员出结果，形成良好的用户体验。

请相信自己，哪怕你只是一道微光，也可以勇敢去照亮这个世界。

→ 如何设计小而精的产品体系

好的产品体系，不仅能够满足用户的需求，还能让你的产品在市场上迅速脱颖而出，赢得用户的关注和口碑。

可是在产品体系设计上，很多创业者特别希望能够一步到位，把3款产品同时设计出来，但却在实操的过程中发现困难重重。

拿我自己来说，我的第一款产品是2个月文案高手私教班，在转型文案导师的前5个月，我都只有这一个核心产品，而且所有的时间都用来带私教学员出结果，积累了良好的口碑。所以后来推出高价产品时，很快就有用户为我付费。

当我的2个月文案私教班获得了很多学员好评以及无数成功案例以后，我才正式推出1年的私教升级服务（也就是文案IP弟子班），刚公布这个消息，就有58位学员支付定金锁定了名额。其中70%都是私教的老学员，所以不管做什么课程，都要想办法给付费客户百分之百的价值。

后来我又推出了前端的3天体验课、14天和21天训练营、百日轻社群、线下课等，不断丰富和充实自己的课程体系，也让学员有了更多学习选择。总之，这个过程是循序渐进的。我们需要根据用户的反馈，不断调整自己的产品交付体系。

下面，就介绍搭建产品体系的5个关键步骤。

- 调研用户需求

在设计产品体系的时候，我们先别以己度人，习惯性地从自己的角度去思考，这样设计出来的产品或服务，往往不一定是客户需要的，也许使客户一下子难以理解和接受。这里很重要的原因就是设计产品时没有站在用户的立场去思考，缺乏用户思维。

所以，我在手把手指导学员的过程中，会先要求他们完成一个作业，先去抖音、小红书等各种平台重点查看相关行业视频的评论区。因为客户的痛点和需求，就藏在评论区的原话里。

如果是知识付费行业的，就会要求完成5个竞争产品课程海报的收集。可以在荔枝微课、千聊等平台，通过关键词搜索的形式找到，并且研究海报上有哪些用户痛点，用来借鉴参考。

- 先打造一款核心产品

在了解用户需求的基础上，不要直接搭建产品体系，而是先确定你的核心产品。核心产品应该是能够解决用户最痛点、最核心需求的产品。在确定核心产品时，你需要考虑该产品的市场前景、竞争产品特点、技术可行性等因素。

这里推荐两种方法：

第一种：如果你已经有多次一对一咨询的实战经验，而且用户反馈不错，我建议可以直接推出私教产品，因为私教的交付可以看作是服务期内无限次的一对一咨询叠加。

第二种：如果还没有太多的实战经验，可以从轻社群开始。在运营社群的过程中通过设计问卷的形式，让用户填写他们感兴趣的话题，从而完成调研。随后继续积累用户的反馈，为后面推出高价产品做铺垫。

在带教学员的过程中，我会根据他们的具体情况，给出核心产品的相关建议。因为这需要结合学员自身的积累情况、目标客户群体来做综合判断。

- 口碑沉淀后，扩展产品体系

当你确定了核心产品后，就可以开始扩展产品体系，增加产品的多样性。比如通过增加不同的功能、不同的使用场景等方式。

但是需要注意的是，扩展产品体系的时候要保持一致性，让用户能够清楚地知道不同产品之间的联系和区别。在定价方面，一般不同层次的产品差异是 5~10 倍左右。

比如，我的王牌产品"14 天发光计划文案行动营"，是通过 6 节直播视频课的学习，加上作业、实操和点评，给学员更多附加服务，同时打造社群学习氛围，学员之间可以互相交流，还能进行人脉连接。

那么如果想要深层次的辅导，更快跑通商业闭环，可以升级 2 个月的私教学习，得到手把手的文案修改服务，遇到问题也能及时获得有针对性的一对一解决方案。

最后是 1 年的文案 IP 弟子班，除了文案学习以外，还能得到个人品牌打造、自媒体引流、互联网营销、社群发售、实体店业绩提升、企业咨询等全方位系统的内容学习。

我的每个产品都是经过精心设计，而且是层层递进的，能够满足学员的不同需求。

- 巧妙设计营销策略，为产品找到用户

不同的产品特性，人群受众不同，推广方式不尽相同。

所以在制定营销策略时，我们需要将产品特性和目标人群相结合，选择有针对性的营销方式，这样能大大提升成交效率。比如一对一咨询和录播课因为价格不高，适合朋友圈自动成交的形式；训练营产品价格适中，适合一对多社群/直播间批量成交；私教服务客单价最高，需要诊断对方问题，适合一对一顾问式成交。

我自己一般都是先通过朋友圈自动成交的方式，开启9.9元的3天公开课，然后在3天的直播分享中，发售899元的发光计划文案训练营。再在训练营交付的最后一天，发售我的私教课，用定金形式先锁定名额，再通过一对一电话进行顾问式成交。

所以，我们可以根据不同目标客户的特点和需求，科学合理地设计整个销售流程、成交主张以及报名福利等。

我的很多文案私教学员，都是通过朋友圈种草的形式，直接成交陌生用户。弟子美央在我的手把手带教下，文案仅用了11天时间出师，我又推动她推出文案私教的产品。她刚开始很不自信，觉得没有人会为她付费。

没想到在我的鼓励下，海报发出去不到几分钟，就有用户锁定名额，之后一对一电话成交私教学员。学习文案一个月，就收入7个私教学员。第二个月，又收了3个弟子。她自己都觉得不可思议！

还有两位弟子果泥和馨然，都是用社群分享的形式，批量成交用户。他们前端都做了一个300元左右的引流产品，直接复制我的"发光计划文案训练营"的内容，因为课程内容落地，所以用户好评不断。在最后一天发售私教的时候，分别拿到了100%和80%的转化率。

- **看用户反馈，持续优化产品体验**

好的产品体系不是一蹴而就的，而是需要不断优化迭代才能够满足用户的需求。

在产品使用过程中，用户会反馈各种问题和建议，你需要及时跟进这些问题并且改进，不断提高产品的用户体验和满意度。

不管是训练营还是私教，我每次讲课的方式都是现场直播，而不是听回放，因为这样能根据学员的反馈，不断调整教学内容。用心交付的结果，必然是好评满满。

设计产品的心法，就是超强用户思维，持续理解用户需求并优化用户体验，这样我们才能做出好产品。

希望通过分享以上5个步骤，能够帮助你快速设计出自己的产品体系，从此踏上成长快车道。而做好产品设计，打造个人品牌就完成了一大半，接下来要做的就是传播，以此来达到持久变现的结果。

> **小试牛刀**
>
> 学习了本节的内容，你想推出的第一款产品是什么？在设计的时候，你会考虑哪些因素？

无痕成交：站着赚钱养活梦想，实现价值

你有没有这样的经历，在微信上刚加的好友，通过的第一时间，对方就给你发来广告链接，一心想要立马成交。我想大多数人对这种营销方式，都会心生反感。

其实，目前市场上的成交主要有三种方式。

第一种：孙子式成交。面对自己好不容易接触到的陌生客户，一个劲地夸赞自己的东西有多好，想尽一切方法，甚至是死缠烂打请求对方下单，这是最初阶的营销方式。

第二种：朋友式成交。这种方式偏向于真诚地推荐，比如你自己用了某款护肤品，觉得有效果，想要推荐给周围的朋友。

第三种：上帝式成交。也叫作被动成交，就是不主动推荐产品，等着客户自己找上门。这是销售的最高境界，也是最适合性格内向者的营销方式。

每次收到微信上别人发来的各种广告链接，或者在马路上遇到拼命往你手里塞宣传单的业务员，我都在思考一个问题，做销售难道真的只有死缠烂打这么一条路吗？

很庆幸的是，我终于找到了不同的答案。

回顾自己创业9年的过往，我从来没有私信过任何一个用户，所有学员全部都是被我的文字吸引而来，主动报名课程。每次我讲起这段经历，陌生人都会觉得不可思议，我把它叫作"无痕成交"。

回归成交的本质是提供价值，而不是互相骚扰，想要做到无痕成交，就要学会给用户带来十倍、百倍的价值。

做到无痕成交，我总结成12字口诀就是"先卖自己，前置筛选，极致口碑"。

→ 故事先行，好的人生有故事可讲

古希腊哲学家柏拉图说："谁会讲故事，谁就拥有全世界。"

现在回忆一下，你之前学习过的课程里，印象深刻的是干货，还是故事？

我想答案显而易见，人类天生就爱听故事，当一个故事开始，我们就会随讲述者的描绘自然落入情境中，与讲述者产生情绪连接，甚至有立即采取行动的冲动。这就是故事的力量！

2023年年初，我曾经做过一场直播连麦，花了整整90分钟，分享自己创业以来的经历，从小时候品学兼优，到遭遇职场瓶颈，突破舒适区寻找人生第二曲线，中间没有提到半句关于课程的宣传。

可是结果出乎预料，在直播后的整整一周时间里，我居然收到了7位学员加入弟子班的申请，当时的收费是35 800元/位。当我打审核电话的时候，他们都说，被我故事里不服输的勇气深深打动，想要靠近我。

特别是为了工作，和人生中第一个孩子失之交臂，我在直播间描述了自己躺在手术台上，痛得撕心裂肺，仍然无法改变现状，于是下定决心和过去的自己告别。居然有两位男学员告诉我，恰恰是这段经历给他们留下了最深刻的印象。

我一直相信好的人生，是有故事可讲的。想要实现无痕成交，我们可以在故事里，重点讲述你是谁，你曾经遇到了什么样的困难，你是怎么找到现在的解决方法的，你为找到这个答案付出了多少艰辛，这个方法又帮助多少人改变了困境等。

当今这个时代，不缺好的产品。而销售的本质，是"信任传递"。所以，想要在互联网做好销售，一定不能每天只是刷屏卖货，或者每天发各种信息骚扰。因为顾客买单的大部分原因，一定是因为信任"你"这个人，而故事就是信任的放大器！

→ **前置筛选，对教育心怀敬畏**

《庄子·秋水》里曾说过："井蛙不可以语于海者，拘于虚也；夏虫不可以语于冰者，笃于时也。"

不是所有的鱼，都生活在同一片海域；不是所有的音符，都在同一段乐曲中奏响。

还记得第一次招募弟子班，当时我收到了58位学员的申请，可是最终劝退了足足48位，只留了10位。当我把学费原路退回的时候，他们都觉得震惊，难道这世界上，真的有人有钱还不收？

因为我一直觉得，做教育要心存敬畏之心。我们收的每一分钱，都要对得起自己的良心。而我弟子班的学习，不仅仅是听干货大课，还有每条文案手把手修改，一对一设计变现路径。每次招募都严格限制人数，所以拒绝，是为了更有质量地交付。

不要害怕做学员的前置筛选，我们用敬畏之心而非功利之心来做教育，建议有一套自身的筛选标准。当下只成交对的人，而不是所有人。因为收一分钱，就是一份责任。

结合我自己的筛选标准，给大家总结出3条供参考。

第一，学员要正心正念，不能作假。读了稻盛和夫的《活法》，使人感受到成年人最重要的教养就是做到：正道行、利他心。为人处世是第一位的，所有的营销方法只是锦上添花。

第二，学员要有一定的行动力。《时间的格局》里有一句话："唯有梦想，才能配得上你的焦虑；唯有行动，才能解除你的焦虑。"知识IP老师的初心是使每一位学员都能真正拿到结果。而知识要通过行动，才能使梦想变为现实。所以，报名课程只是学习的起点，只有踏踏实实将学到的付诸行动，人生才会有质的飞跃。

第三，对老师要信任，才能双向奔赴。

还记得曾经很多次，有新加上我的学员，想要报名课程，于是问我："思林老师，你的课程教什么？我能从中得到什么？"

每次遇到这样的情况，我都会告诉对方："抱歉，你目前还不符合报名我课程的要求。"因为只有全然相信彼此，才能真正带你拿到结果。回首过去这三年多，我拒绝了很多意向学员，但我从没觉得遗憾，因为教育对我而言，不仅仅是商业，更是一种使命。

经过筛选之后，我们和学员不仅是师徒，更是处成了后天家人。因为技能可以学习，而态度和价值观，需要认同、认知和天赋。逢年过节，我以及身边很多知识 IP 老师经常收到很多学员发来的感谢微信甚至是手写感谢信，这点更让我们确信"商业就是最大的慈善"。

→ 口碑传播，让你的产品不销而销

口碑，是每个营销人一生的资产。创业以来，我最幸运的是，即使没有分销机制，我的学员转介绍率也高达 60% 以上。

我的王牌训练营产品"发光计划文案行动营"，目前已经开了 7 期。神奇的是，有好多新加上的好友，甚至我还没来得及打招呼，就直接发来私信："思林老师，您的发光计划下一期何时开？"

这就是口碑传播的魅力，结合我自己的王牌产品，这里给大家总结出做好口碑的 3 条方法。

• **细节决定成败，用心才能创造奇迹**

不管课程是大是小，我在进群环节，都会给每位学员发一张录取通知书和一条专属私信，而且在群里一一欢迎。只要有时间，所有的作业都建议亲自点评，时刻把学员放在心上。

除此之外，我还精心设计了挑战环节，因为一个人也许会有惰性，所以设置为两人一组，只要有任意一方没有完成任务，双方皆算挑战失败。

这样学员的积极性一下子被带动了，拿结果也是自然的事。

• **懂得预设问题，学习就能驾轻就熟**

学课程拿结果的道路上，学员一定会有问题和难关。所以在每堂课讲干货之前，我都会预设问题，帮助学员们克服各种难关。

比如，新手写文案百分百会遇到不知道怎么寻找素材，不知道怎么写出用户真正想看的内容，不知道怎样发朋友圈才能获得更多的关注等问题。而我的每堂课，都是环环相扣地设计，就像游戏闯关一样，普通人也可以快速上手，驾轻就熟。

• **大量用户见证，事实胜过千言万语**

很多老师都会困扰学员活跃度的问题，其实背后还是要做足价值交付，交付到了客户见证才能出现。

每个第一次加入我社群的学员，都会不由感叹："这样活跃的氛围，我从来没遇见过！"

因为不管定价多少，我都会力求给学员们带来十倍、百倍的超值交付。还记得我的一位弟子梧桐曾经说过，之前自己报了很多课程，有大几万的，但都是小助理来做交付。而在我的社群里，即使是几百块的训练营，也都是亲力亲为，极致真诚地对待每一位学员，视学员为家人。当学员们拿到了价值，社群不活跃的问题自然不再是烦恼，这才是真正的正向循环。

现在铺天盖地的广告袭来，消费者看得也很疲劳。但是如果用户来帮你代言，能更有效地刺激潜在客户的购买冲动。正如现代广告之父大卫·奥格威所说："你要在文案中使用用户的经验之谈，比起不知名的文案撰稿人，读者更加信任消费者的现身说法。"

所以与其自卖自夸，建议在朋友圈展示用户的反馈原图，配上走心原创文案，或者以短视频的形式呈现。毕竟最让人信服的文案，莫过于现身说法。

营销并不需要卑躬屈膝，当你能够先给客户带来十倍百倍高于价格的价值，就完全不用追着客户跑，做到不销而销，无痕成交，让销售变得更轻松、更有尊严！

就像知名品牌星巴克很少铺天盖地做广告投放，主要的宣传工具就是产品——咖啡和咖啡店，但是依然保持畅销多年。除了坚持提供优质的产品与服务，采取多种措施确保咖啡的品质，还让每位员工都承担宣传品牌的责任，通过与顾客一对一进行专业咖啡知识的沟通，赢得顾客的信任与口碑。

综上所述，要做到无痕成交，我们要用好故事思维，先卖自己再卖产品，以敬畏之心来前置筛选用户，通过极致走心和真诚交付营造好口碑。

销售的尽头是信任，将每件小事做好，真心对待客户，自然不销而销。

> **小试牛刀**
>
> ①请写出自己的个人品牌故事，重点讲述你是谁，遇到过什么问题，怎么克服的，前后的变化，总结出的方法论有哪些。
>
> 推荐阅读的延展书籍：高琳《故事力》、马克·克雷默《哈佛非虚构写作课》。
>
> ②参照本章提到的交付细节，请写出目前你服务学员过程中，还可以做提升的2~3点。

升级模式：普通人也可以更有价值

无论是打工、自由职业还是创业，大多数人都会碰到一个问题，那就是收入到了一定程度，就会遇到瓶颈，短期内看不到上升的希望。

比如职场人做到年薪20万元、30万元、50万元，收入就上不去了；

自由职业者（翻译、工程师、设计师、教练）再怎么拼命，做得很辛苦，偶尔月收入能达到4万~5万元，年收入也很难突破30万元……

那么在副业的道路上，当我们依靠自己的努力，实现了月入过万的小目标以后，如何才能持续向上，将事业发展得更持久呢？

其实，真正的高手都会用价值杠杆，创造让自己的收入获得巨大提升的机会。比如：做同样的事，可以跑到更高价值的地区，例如，做翻译的国内和国际市场价格完全不同。服务不同的客户群体，做高端服务，从1个小时赚100元，变为1个小时赚800元。做同样的业务，通过团队，突破自己的时间限制，以前1年只能赚10万元，现在通过招募20个助理，1年可以赚80万元。从一对一服务转变为一对多产品，原先1个小时服务一位客户赚400元，现在1个小时服务20人赚6000元。

所以，很多时候，光靠努力并不能逾越收入瓶颈，真正的高手，都会懂得借助价值杠杆升级思维，让个人的单份时间更有价值，从而找到自我价值实现的捷径！

→ 升级思维，找到高价值定位

什么是高价值定位？

从我们自身的角度来说，就是付出同等努力的情况下，能够带来更高价值回报的定位。从客户的角度来说，就是花同样的时间提供产品和服务，客户愿意支付更多的钱购买。

所以，一个高价值的定位，可以让你收益更多，成长更快，行业周期更长。

当你根据前几章的内容不断实践，在副业的能力和经验上就会有一定的积累。这时可以通过升级优化，选定一个高价值的定位。

举个例子，同样是教人演讲，一个是教CEO路演的演讲，可以帮助

CEO拿到几亿融资,另一个是教青少年演讲,培养他们的口才和表达能力,你觉得哪一类客户在当下愿意付更高的费用呢?

这里并不是说教孩子演讲没有价值,只是当下没有教CEO演讲的痛点更大。只要痛点越大越紧迫,付费的意愿度就会越高。

那么,具体该怎么做呢?

• 升级用户人群

首先,你可以把你这个领域中,所有的细分赛道全部列出来,然后根据自己的能力和未来发展趋势,选择一个你能做到,又有潜力的细分赛道。

举个例子,如果你擅长写作,那么目标客户群体有三种:第一是学生,第二是白领,第三是创业者。同样的写作技能,同样的服务时间,服务学生可以年入10万元,服务白领可以年入50万元,服务创业者可以年入百万元。

• 升级细分痛点

同样,我们可以通过调整和升级细分痛点的形式,升级自己的定位。

比如,同样定位幸福力教练,主打"婚姻挽回"就比主打"婚姻幸福"收费高很多。因为离婚涉及财产分割和孩子的问题,这是刚需,很多人愿意为之付高价。至于和老公是否有共同语言,是否是灵魂伴侣,中国很多家庭都是这么过来的,也就没有这么刚需了。

• 升级为操盘手

打造个人品牌的路上,需要我们有专业能力、变现能力、学习能力和成交能力,也需要自身有足够的积累。

但这并不意味着,每个人只有这同一条路。如果短时间内还无法跑通,我们可以考虑换个思路,去做IP的操盘手。

我的弟子若弘除了是一位文案教练以外,还是一位IP操盘手,他帮助企业精准定位目标客户群体，根据目标客户痛点、需求，重新布局朋友圈文案、短视频文案，重塑品牌创始人故事，通过直播话术优化、销售信等形式，大大提升企业业绩，合计实现营收破百万。

所以，我们不仅仅要找到高价值定位，还要锁定高价值客户群体，再开发高价值的产品，然后做好成交和服务，你才能真正成为一个高价值的 IP！

→ 三大方法，引爆个人影响力

未来能让一个人真正值钱的，不是房子或者车子，而是你的影响力。有多大影响力，你就会有多大财富。

这就是为什么有的人，一天的收入，就可能超过你一年的收入。罗永浩在短短 2 年多时间，可以还清几个亿的负债，就是因为他有个人影响力。

下面为你分享 3 个提升个人影响力的方法。

• 创造影响力事件，被人牢牢记住

听过演唱会的人都知道，在台下的人无论多么努力地鼓掌，都很难被看见。摄像机顶多会扫过你的脸而已，而能被观众记住的人，永远是站在舞台聚光灯下的那个人。

所以，搞定大事件，而且是让你脱颖而出的大事件，就会让你被人牢牢记住。

得到 App 的罗振宇，发愿要做 20 年的演讲《时间的朋友》，每年选一个城市，约各种电视台、视频网站、短视频做直播，每一场都声势浩大，其实这就是一件影响力事件。只要影响力事件的能量越来越大，你就能连接到越来越多的资源。

我周围很多 IP 都会有每年做一次影响力事件的习惯。比如每年做一场专场分享，覆盖成千上万人。或者约一个比较有影响力的大平台，然后发动所有的人，帮助他把直播人数的规模不断扩大，造成一个影响力事件。这些里程碑事件都能瞬间扩大你的个人影响力，从而被人记住。

• 出书，拿一手好牌去人少的地方竞争

现在流量越来越贵，很多人选择打造个人品牌，就是想以此降低他人关注自己的成本。

如何实现个人影响力的快速升级呢？写书是非常好的方式，可以大大缩短你打造个人品牌的路径。特别是出一本爆款书籍，可以带动你很多的粉丝，转变为你的付费用户。

书可以快速建立信任，读完你的一本书，相当于读了你的1000条朋友圈。目前为止，能够著书立说的人还是非常少的，在知名出版社出书的人更是不多。

而且在写书的过程中，你会不断地梳理自己的知识，反复思考、推敲，这是一个对自己的思维和逻辑进行整理的过程，最终将其系统地打造为一个知识体系。

对于普通人来说，写书真的很遥远吗？

这里推荐几种写书思路，我自己也是用了以下的方法，用一周时间完成了一本畅销书的写作。

第一种：日常做个有心人，把平时课程的稿件、讲义，或者是社群分享的内容都记录下来，及时整理归档。

第二种：收集行业内用户最关心的100个问题，也可以从学员或者客户那里了解，然后一一回答，把问题和答案整理成册。

第三种：利用做过的大事件或者活动的复盘资料，比如你已经按照上一节的内容完成了影响力事件，就可以把详细的流程用文字方式记录整理出来。

第四种：整理和归纳你的学习资料。包括在各种课程里学到的知识点，结合自己的理解、收获和总结，整理成书。

虽然写书不易，但是当你写了一本书后，你就相当于向外界宣布了你的专业水平和思想深度，展示了你的价值主张和差异化优势，证明了你的成果和影响力。这样一来，你就会在知识付费领域树立起一个独特的地位。

- 极致付出，打造标杆案例

想要赢得用户的信任，一味地说自己有多厉害其实并没有用。刚开始接触你的人都会看一个关键要素：你是否有成功案例。

圣贤孔子作为儒家文化的创始人与奠基人，一直被世人称颂和学习，这离不开他培养出的颜回、子贡、子骞、伯牛等七十二贤及七十二贤对其思想的传播。

所以，我们也应该花更多时间与精力去搭建正向的循环系统，也就是打造标杆案例。

我的弟子邓老师是一位业内知名的独立投资人、新媒体公司创始人。有一次她参加了我的线下课，回去后第3天就模仿我做了一场发售，当天成交了60个万元私教。

"徒弟优秀，师父也一定差不了。"这个标杆案例在无形中，也提升了我的个人影响力。所以如果你能够帮助别人解决问题，让他人获得成功，你就会更成功。这是做任何事业不变的成功之道。

在做副业这条路上，我始终把带学员这件事放在首位，给信任我的人，百倍、千倍的价值。因为成就他人，也就是成就自己。

虽然我从不主动私聊，但是因为用心帮助他们拿成果，总是有学员主动找我报名或者给我介绍学员。所以，真正的营销就是没有营销，只有极致利他。成人达己，静待花开！

→ 与其卖产品，不如打造差异化

哲学家莱布尼茨说："世界上没有两片完全相同的树叶。"同样，人应该也是独一无二的个体，有自己的风格、个性、脾气、美感。

那些不在打造个人品牌路上的人，不少人或主动或被动地变得越来越同质化——内容同质化，产品同质化，甚至连"人"也在同质化。

究其原因，除使用抄袭、搬运、洗稿、跟风、模仿、变相竞争等手段外，在一开始，他们便缺乏差异化定位战略。

我认为个人品牌最重要的内涵是价值和差异化，也就是说，如果你想要经营好个人品牌，一定要搞定这两个问题：你的独特性是什么？为什么别人要记住你？

如何才能做出自己的差异化呢？

• 要么第一，要么唯一

同样是文案的定位，我们可以做朋友圈文案，也可以做品牌文案，或者个人IP故事、短视频文案等。做到细分领域里的唯一，有自己的特色和识别度就可以。

我有一个私教学员，她的定位就是个人故事文案写手，一篇收费3000元。另外我的弟子大墨的定位是服装行业的文案教练，专注于细分领域赛道，在我的手把手指导下，她的多个自媒体账号粉丝都轻松破万。

• 找出对标，站在对立面

大多数的文案老师都会告诉你，写朋友圈文案一定要主打痛点，但是只要关注我的用户都会发现，我主打的却是真诚和温暖的文风，希望能以此给人带去力量。

我一直相信人与人之间，舒服地相处很重要。反倒因为这样独树一帜的风格，吸引了很多学员向我靠近。

- **人有我也有，人有我彻底**

同样是一年期的弟子班，我不仅教文案，还会把自己学到的各种技能，都毫无保留地分享给学员们，帮助他们提升各方面的硬核实力。而不会每次新推出一门课程，就再向他们收费一次。

我会在弟子群里，分享心理学知识、PPT等办公技能、公众号排版和写作方法、如何找到自己的天赋密码等新技能，而且还送终身社群权益和线下见面会名额。市面上收费的内容，我都做成了增值服务，这样的超值福利让学员争相报名，我的用心交付也收获了不少好评。

在如今产品同质化异常严重的商业竞争环境中，如果你想要获得成功，就得具有自己的差异化价值，提供别人不具备的价值以及展现自身独特的人格魅力。记得我的弟子韩韩曾说过，原以为跟着我，是学习一系列轻松变现的技能。但是深度靠近以后才发现，除此之外印象最深的是，骨子里的踏实和真诚，不断突破自己舒适区的勇气和对学员掏心掏肺的交付。

当我们把价值和人格魅力牢牢打入消费者的心智中，当对方有需求的时候，脑海中的第一反应是想到你，那么你就能在众多同行中脱颖而出。

所以，当你碰到副业收入瓶颈的时候，无须焦虑，结合本节所提的内容，从高价值定位、影响力、差异化入手调整，突破瓶颈，我们就能更上一层楼。

想在副业上持续获得正反馈，我们必须深耕自己，提升专业能力和人格魅力。在这个时代，基于信任，打造个人影响力，做到不销而销，才是商业的最高境界。

> **小试牛刀**
>
> ①你现在的定位是什么？结合本节的内容，你会如何升级成高价值定位？
> ②为了提升影响力，请说说你的下一步行动计划是什么。

四大阶段：副业典型问题全解析

当今这个时代，如果你有一份副业在手，在工作上，遇到不喜欢的工作，有选择的底气；在生活上，多一份收入来源，也能过上更有品质的生活。

但是做成副业并不是一件浅做就能成的事，需要去规划时间，进行深入学习，不断试错，最后形成不错的收益，也会让自己在整个过程中飞速成长。

要知道人的成长升级，都是有阶段的。

第一步：进场参与＋默默练剑。无名的时候，先躬身入局，走出观众席。

第二步：积累案例＋公开表达＋升级圈子。积累成事经验和成功案例，通过公开表达，传播自己，吸引更多同频优秀的人，不断向上升级更好的圈子，遇见更优秀的引路人和同行者。

第三步：持续成长＋升级思维。取得一定成绩的时候不要骄傲，战略上把自己放低，持续学习成长，升级思维认知。

第四步：升级模式＋寻找使命。拿到结果以后不能因此自满，而是继续不断升级模式，找到事业的使命感，让自己卖得更贵，变得更有价值。

那么在副业的道路上，普通人会遇到哪些问题呢？

→ 起步阶段，普通人有哪些机会

在副业的起步阶段，最重要的就是挑选自己合适的赛道，进行小规模尝试。

可是每当提起副业，很多人想到的是做兼职，比如，兼职导购、发传单、去快餐店打零工、开网约车等。我在上学期间也做过兼职翻译，但是拿时间换钱，没有复利效应。

我们先来看哪三种是不推荐做的。

第一，需要花费大量时间和精力的项目。

第二，完全陌生没有接触过的行业。

第三，承诺你百分之百赚钱的项目。

而我现在选择副业的标准是，赚钱只是一方面，能够在这个过程中提升自己的能力才是最关键的。因为一份"成长型"副业，比赚钱本身更重要。

何为"成长型"副业？就是这份副业，可以让你当成事业来培育，而不是简单只为了赚钱这一个目的。比如，技能类的、有发展前景的，都属于成长型。

成长型副业，不仅能够增加收入，还能让你学到新技能，建立自己的人脉网，借助副业突出自己的个人品牌，同时还能规避生活中的不确定性，它可以是受益一生的事业。

那么，如何找到自己的"成长型"副业？可以关注以下几点：

• **是否能够发挥自己的兴趣和优势**

如果你对某件事有着浓厚兴趣，且能充分发挥你的优势，这将会为我们坚持践行带来很大动力。一旦找到了，踏踏实实专注耕耘几年，其他事都是水到渠成的。

如果找项目时，只盯着赚钱本身，却忽略了学习和成长，做一段时间以后，往往会觉得收获越来越少、价值感变低，那就无法长久。

• **是否有长远的收入潜力**

大部分人发展第二职业，目的就是增加收入来源。但相比收入，我更看重收入潜力。因为适合普通人做的短平快项目，比较容易赚到钱，往往门槛也较低，比如各种社群团购项目都没有门槛，自然它的可替代性也会更强。

这样的副业更像是兼职，解决的是短时间赚小钱的目的，却无法作为未来主要发展方向。要去选择那些前期学习需要积累一段时间，后续随着个人专业度提升和经验增加，就会让自己变得越来越值钱，爆发出比较大潜力的项目。

• **是否能够获得真正的成长**

一份有潜力的副业，赚到的往往不仅是金钱本身，更宝贵的是学习过程，能够收获个人成长并积累经验。当你通过学习和探索，找到了自己真正热爱的方向，并愿意为之全身心投入的时候，你会不知不觉被时间推着前进。

而在这个过程中的成长与蜕变，也会让你越来越自信，越来越果断，整个人的状态都和从前不一样了。

所以在起步阶段，我们要从自身出发，找到和市场需求结合的点。下面推荐目前我比较看好的四大副业类型。

- 知识变现与在线教育

在互联网时代背景下，知识付费和在线学习正逐渐深入人心。如果你在某一专业领域拥有深厚的知识储备或独特的技能优势，完全可以创建自己的付费课程或培训项目，通过公众号、微信群及朋友圈等渠道进行推广，建立口碑和信任。

虽然初期需要投入一定的时间积累用户，但一旦形成稳定的学员群体，其收益回报将极为可观。

- 社交电商模式

你可以在抖音、快手、小红书、视频号等平台上开设个人店铺，只要有优质的产品和营销策略，即使创业门槛低、风险小，也能收获持续的盈利。

- 自媒体内容创作

运营自媒体已经成为当今互联网传播的重要载体之一。如果你对某个领域有深入研究且具有出色的写作与表达能力，可以尝试成为自媒体创作者。

通过运营公众号、知乎、头条、小红书等自媒体平台，输出有价值的内容和服务。自媒体运营入门简单、风险较低，且潜在收益快速增长，只要你具备丰富的内容创新能力和市场敏感度，便能在这个领域中脱颖而出。

- 利用技能变现

很多伙伴本身具有一些技能，就可以利用技能挣钱。比如，会做海报、做社群表情包、剪辑视频、写小说、配音等。

像可画、美图、稿定设计、剪映、PPT这些软件，只要你会操作基本功能，遇到别人有需求，就可以发展成为你的副业。

记住一句话，不管你选择了什么行业，你能够帮助别人解决的问题越多，你创造的价值就越大，收益自然就越大，甚至还可以是倍增式的。

拉动副业有三驾马车，缺一不可：赚钱、成长、可持续。只赚钱没成长，说明你赚的是辛苦钱；只赚钱不可持续，说明你做的是一锤子买卖；只有这三驾马车同时拉动，我们才能完成正向的财富积累，跑得又快又稳。

我始终坚信，唯有热爱，才能有志向地生活。唯有能力的提升，才是未来无惧一切的避风港。

→ 成长阶段，如何持续让副业效益最大化

互联网时代，可供我们选择的副业种类非常多，但是任何一个生意，我们要判断它是否符合社会实际，它的盈利点在哪，真正能产生多大的效益空间，并且结合自己的情况在学习中不断精进优化，使副业创造最大的价值。

那么如何才能持续让副业效益最大化，既赚到钱又赚到成长？

• 付费思维，快人一步

曾经在网上看到这样一段话："'付费学习'这四个字，几乎淘汰了95%的普通人，那些愿意花钱的人，他们的未来，普通人看不懂也追不上。"

有时候，我们总是过于看重金钱，而低估了自己的时间和未来的成长。不少人想做副业，想赚钱，但是既不想花钱，也不想付出时间，只希望轻轻松松就可以把钱赚到手，然而世间哪有这样的好事呢？

付费学习筛选了很多人，过滤掉患有不切实际想法的人，从而找到真正热爱学习的人。这其实就是一种思维的转变，懂得用金钱换资源，比如信息差、高手的成事方法及经验、更优质的人脉资源等。

其实付费学习，是为那些打心底里想改变自己的人而生的。认真践行下去，节约的时间会为你创造更多的价值。

• **不焦虑不躺平，长期主义**

引发现代人焦虑的原因很多，其中一个非常重要的原因就是"着急"，急着想要达成目标。可是，你会发现很多时候，越是急着达成目标，目标往往越难实现；越着急就越失望，越失望就越焦虑。

在副业的道路上，我们都渴望成功。然而，成功并非一夜之间的事，它需要我们付出艰辛的努力，需要我们有坚定的决心，更需要我们有坚持不懈的精神。这就是"天道酬勤"的含义，因为成功永远属于那些真正愿意赌上自己时间的长期主义者！

• **始终相信自己，信心值千金**

9年的副业之路，有很多学员曾经告诉我说："思林老师，我觉得自己不行，还没有准备好怎么办？"

其实在创业的道路上，自信才是最大的底气。

副业路上，我们会碰到各种低谷期，收入遇到瓶颈，才华不够用，遭他人拒绝、拉黑甚至恶意中伤，但始终要保有信心，因为它是推动事业前进的第一原动力。

正如松下幸之助所说："先相信自己的能力，然后才能得到别人的信任。"这种坚定的信念，是所有成功者的共同特质。

怎样才能建立自信呢？推荐一个办法：写"成功&感恩日记"。每天用10分钟，把一天之内所有做成功的事情记录进去，任何小事都可以，并且记录这一天值得感恩的人和事，包括自己。

当外界没有人给你打气的时候，我们要学会自己给自己打气，建立自我肯定和评价系统，慢慢形成习惯，就不会因为别人的评价而焦虑不安，从成功中建立自信，拿回自己的主动权。

- **拒绝固化思维，拆掉思维里的墙**

内心没有高墙，人生才能不可阻挡。

在副业中，拒绝固化思维非常重要。如果你只是循规蹈矩或者追随别人的脚步，很难在众多竞争对手中脱颖而出。相反如果你打开脑洞，找到新的创意和想法，就能更好地吸引客户的关注，从而实现自己的目标。

我的每一期课程，授课内容和形式都完全不同，还会设计新的挑战环节，从不重复自己。学员都反馈说听课的同时，也在一直收获意想不到的惊喜。我相信不断迭代和创新的交付，才是对学员最好的回馈。

拒绝固化思维，首先要我们拥有一颗勇于探索的心。面对五花八门信息蜂拥而至的网络时代，更要培养自己独立思考的能力。其次，实践是检验真理的唯一标准。只有不断试错和迭代，才能最终找到适合自己的路径。

特别喜欢一句话："如果思维是一堵墙，世界就在墙的另一边。"愿我们都能打破思维局限，活出精彩人生。

- **分解目标，更进一步**

再大的目标，当被我们分解成一个个小目标后，其实看起来都不足为惧。

比如，我们的大目标是通过副业年入 20 万。那么"年"是一个时间的大单位，很多时候我们在年初定好的目标，基本也只有在年末才会进行总结。还不如拆解这个数字：$200\,000/12 \approx 16\,666$ 元/月。

那么如果这个时候，我们有一个万元的私教产品，就意味着只需要每月成交一位用户即可。这样看起来就是比较容易完成的具体目标了。确定了这个目标，然后我们再去设定具体需要完成的细节，如引流、成交转化和交付，那么离完成也就不远了。

所以，只有目标小到我们足够自信，后面才更容易制订出具体有效的方案去坚定地完成各种小目标，最后才能一起实现大目标。

运用以上的一些方法，你就可以更好地应对副业的各种挑战，保持良好心态，轻装前行，享受副业带来的甜美果实。

→ 成熟阶段，如何平衡事业和家庭

在副业的成熟阶段，我们已经拥有了不错的收入，但是也会遇见更多挑战。

曾经我在一次线下课上邀请学员做分享，他们都不约而同提到在创业路上，经历过家人的反对和质疑："为什么主业做得好好的，还在折腾自己，跑去学文案？每天捧着手机忙得不得了！"

换位思考，副业路上会遇到很多风险和艰难。别责怪家人不理解你、不相信你。在做成之前，我们也没理由要求别人来理解你、相信你。

每个人都有权利追梦，活成一道光。如何平衡好副业和家庭的关系，我想分享3点：

• **耐心沟通，是解决问题的前提**

组建家庭的前提，一定是对方的某些价值能满足你的需求。颜值、存款、赚钱能力、管理家庭事务的能力等，都是价值。

如果你原本有工作，打算辞职创业，家庭经济收入下降，对方会因为经济状况的变化而感到不安。

如果你原本是全职带娃，要去创业，对方会担心你还有没有时间和精力来带孩子、做家务。没有人管好后方，家庭如何经营下去？

所以，要折腾，要创业，需跟家人好好沟通，告诉对方自己的价值。比如，可以一边带孩子一边折腾，并不是完全不顾家。

另外，如果你本身是有工作的，不建议裸辞。我自己就是一边上班一边用业余时间做文案的，主业副业一起抓。当副业真正做成规模以后，再考虑辞职，这样也是给家人更多一份保障。

• 给"叛逆"一个限度

比如，跟家人约定，给自己3~5年时间去折腾，如果做不成就回归原来的生活，给足家人安全感。

如果需要动用家庭资金投资，则给出一个额度上限。比如，最多只用3万元的家庭资金，如果全部亏掉就洗手不干了。给自己一个尺度，世界就会还你一份精彩。

• 成绩就是最好的证明

当你决定后，要付出不亚于任何人的努力，全力以赴去坚持和努力。当你能够做出成绩，家人自然就不会阻止了，反而会支持你。

在线下课的时候，我听到一个又一个学员说，自己因为跟着我学习文案真正拿到了结果，一方面提升了个人能力，整个人的状态完全不同了，另一方面拥有了额外的收入来源，家人都反过来支持他们了。那一刻我的泪水在眼眶里打转，我觉得这就是自己深耕副业最大的意义，真正给别人带来价值。

我的家人也在看到学员对我如此感恩时，不再反对我的副业，反而觉得这份事业特别有价值，还愿意主动为我分担琐事。

所以，副业不仅仅是为了赚取额外收入，更是一种个人成长和自我实现的方式。我们要在副业中成长精进自己，合理安排好时间，让副业成为实现自我价值的加油站。

→ 展望阶段，如何找到人生使命

在纳粹集中营中幸存的心理学家弗兰克尔说过，生命的意义不能去创造，只能去寻找。

分享一个"三个石匠"的故事，有三个石匠正在做同样的工作，有人就问他们在做什么？

第一个石匠说："我在凿石头。"

第二个石匠说："我正在砌一堵墙。"

第三个石匠说："我正在建一座大教堂。"

这三个石匠分别代表三种人：第一种人只能看到眼前具体的事；第二种人只有阶段性的、中长期的目标；第三种人是把自己的工作和人生使命联系在一起的。

就像冯仑所说的："我研究过很多赚了钱的人，后来发现赚最多钱的人实际上是追求理想、顺便赚钱的人。但是他们顺便赚的钱比追求金钱、顺便谈谈理想的人要多。"

在副业的道路上，经常会看到很多人曾经拿到不少大结果，可是走着走着就没影了。究其原因，就是因为没有找到人生的使命感。

凡所有相，皆是虚妄。如果做一件事，先想到的是我能从中得到什么好处，那么已经打了折扣。只有当你学会为他人付出时，就会帮助你找到人生的目的和意义，同时获得更多价值感。

所以，我一直告诉学员，在拿到了更多结果之后，更要去帮助别人，一方面提升自己解决问题的能力，另一方面可以从中获得正能量的反馈，从而找到人生的使命感，内心变得更有力量。

2024年2月25日，娃哈哈集团创始人、董事长宗庆后先生逝世。他出生在满目疮痍的旧时代，经历过贫穷冻饿，也在自己咬着牙的执着拼搏下，看到了前路的光明。42岁白手起家，借债创业。从一辆三轮车开始，他一步步改写着自己脚下的命运。

即便是三次问鼎中国首富，他依然习惯性地保持着极低物欲的日常生活，平日里总是脚穿布鞋，身着娃哈哈工作服，出行时也总是选择坐经济舱、二等座。

但是他热心公益事业，天灾疫情捐款捐物从不含糊；他积极响应国家号召，投身西部开发、助贫投产，兼并特困企业；同时也关注教育领域，设立奖学金、助学金，资助贫困学子与教育事业超过5亿元。

宗庆后说过："我的梦想是做守护百姓健康，造福于百姓的百年老店。"在他的葬礼上，很多人哪怕未能进入灵堂悼念，都要手持鲜花，在基地门外三鞠躬。因为他办企业的初心，不是为了牟利，而是造福社会。在他的身上，可以感受到企业家深厚的责任感。

当我们做副业获得一定结果后，就不再只是为了自己，而是为了他人，甚至为了社会，这样的心量才能帮助我们做成更大的事情。发心有多大，成就就有多大。

细心观察我们身边的成功人士，他们通过不断努力成了自己想成为的那种人。但凡能把一件事做长久的人，都是因为心中有着一份使命感。

在文案创业的路上，我也深知自己不是一个人在战斗。想到身边有一群始终陪伴着我，不停追逐梦想的学员们，我就会坚定自己要持续将这份事业越做越好的决心。不只是为了自己，而是为了陪伴信任我的人一起成长。

正如路遥所说："每个人都有一个觉醒期，但觉醒的早晚决定一个人的命运。"如果此刻的你还没有觉醒，或者很迷茫，那我建议你一定要早早开始深耕一门技能，一起探索副业的可能性，这是普通人实现逆袭最简单且有效的方式！

小试牛刀

①你现在在副业的路上，处于哪个阶段？你未来3~5年的目标是什么？

②在你选择做副业时,你的家人是如何看待的?结合本节内容,想想如何让家人更认可你,更支持你。

③回忆一下,目前在做副业的过程中,你是否在内心燃起过使命感?如果有,建议你可以写下来激励自己;如果没有,建议继续用心寻找。

第五章

放下自我，
　成功的本质是成就他人

当你活成一座孤岛，只关心自己的成长时，你可能会觉得全世界都与你为敌，生活中到处都是绊脚石。而当你活成整个世界的一部分时，就会发现生活中处处是美好，哪里都会遇到贵人。

以前的我，是那种极度渴望成长的人，每天的待办清单里写下的都是有关自我成长的事项：锻炼身体、阅读写作、读书、参加特训营等。

直到开始收文案学员，手把手带他们成长蜕变，我才发现：成就别人，才是成就自己的捷径。

所以，只盯着自己的人生注定不会有太大的意义。如果你能成就他人，帮助他人取得进步，才能获得更大的价值。

正所谓心态变了，你的世界也就变了。你不再是一座孤岛，而是这个世界的一分子。成就他人就是成就自己，只要心中有别人，生活处处是幸福。

学员故事：这三类伙伴活出理想生活

普通人，可以通过做副业收获理想生活吗？

也许你只是公司白领、体制内员工、自由职业者、全职宝妈、实体店老板等，对自己可能会有一些不自信，那么看完我的学员的故事，相信你会更有信心。

→ 自由职业，找到人生价值

我的徒弟大墨，来自杭州，是7年自由创业者。可是她只用了短短一年，就化身成为服装人的创业导师，这一切要从2023年2月开始说起。

遇到我之后，她说找到了人生价值，开启了崭新的篇章。她在认识我第三天的时候就果断决定，付费成为我的嫡传弟子。因为她说，从我身上发现了自己在创业路上，一直在苦苦追寻的东西，那就是"让自己被看到"。

在深度观摩了我的公众号、朋友圈、付费社群后，她找到一个秘诀："发声＝发生。"

跟我学习后，神奇的事发生了，她的内容输出能力提升很快，新起号的小红书粉丝很快破万。开始不断有人催她开课，甚至催她收弟子。

后来，她又收到了一家服装企业的邀请，帮他们从0到1打造私域体系。没想到一下子把课程卖爆了，帮企业收到了40多个高价学员。她说真的太意外了，没想到我教她的这套方法，能直接复制用在企业的私域打造上，而且效果显著。

现在的她成了自由职业者，在家一边带娃，一边轻松获得每月五位数收入。

她常常说，这一切简直像打开了潘多拉魔盒，连她自己都没想到，能收获这么多意想不到的惊喜，从一个迷茫的职场人，成为有底气且闪闪发光的自由职业者！

大墨是典型的自由职业者，她的改变在于"持续发声"，持续在自媒体账号输出内容，让自己被看到，因为"被看到"而连接到B端资源，于是开始展现出光芒。

→ 全职宝妈，告别手心向上

我的徒弟果泥是一位常住泰国的陪读宝妈，原本她以为今后的生活只会是手心向上、看人脸色，然而因为学习文案，不到半年的时间就成功实现了人生逆袭，成为自己剧本里的大女主！

在 2022 年 9 月，她做了一个改变人生的决定，从外企裸辞去泰国陪娃读书。作为曾经的外企高管，收入高、地位高，她又怎么可能会甘心，做一个只是在家带娃、干家务的全职宝妈？

每一次的手心向上，都觉得自己的尊严被狠狠地践踏。所以，她不断尝试在互联网创业，一年下来花了十几万，发疯似的学习各种课程，最后非但思维没有任何提升，一分钱也没挣到，不仅越来越焦虑，连家人、孩子也没照顾好。

在加入我的弟子班之前，她已经跟着好几个老师学习过文案，可当时的她却连一条完整的文案都写不出来，更别说通过文案变现了！

然而，你一定想不到的是，跟着我学习文案才短短 5 天时间，就在我的手把手指导下圈粉无数，被很多人夸她的朋友圈写得太好了，就像是一道光！更不可思议的是有好几个人要求她开班，跟着她学习文案。

所以，即使她微信里人数不多，又没有做任何营销动作，她很快就招满 10 个学员！更绝的是，当她掌握了这套文案思维和营销方法后，这 10 位学员最后全部选择加入她的私教班，转化率高达 100%！

其实，我看到的不仅仅是她收入的提升，更多的是她的状态发生了翻天覆地的变化，整个人的能量在飞速提升！她自己的形容非常贴切，跟着我学习文案，让她从绝望中看到了希望，命运的齿轮再次转动起来。文案，给了她这个全职宝妈，一个成功逆袭的机会！

"你永远赚不到你认知以外的钱",文案让她的认知、思维快速提升的同时,她的收入又有了新突破!一场发售直接转化了13个私教、6个私董,实现了月入六位数。

除此之外她懂得感知生活中的点点滴滴,懂得发现和赞美别人的优点,连孩子都说,"现在的妈妈好温柔、好体贴"。因为学习文案让她知道:爱自己比任何事都重要,只有照顾好自己才有能力照顾好身边人。

学习文案还使她更加自律,坚持日更10条朋友圈、早起、读书、运动、护肤,现在的她带娃、成长、交友、赚钱……什么都不耽误,她的朋友都说这是她状态最好的时候,全身都散发着迷人的光芒!不再过着手心向上的日子,重拾了生活的底气,从容、优雅和自信!

果泥是全职妈妈的代表,她报课众多,学习内容庞杂但一直没有把某个技能真正落地,在我的启发和指导下,她找到了一个特别适合落地的技能——文案写作,迅速行动而拿到了结果。

不要因为过于焦虑而大量报课,而是沉下心来认真修炼某一项技能,并极致用好这项技能,那么拿到结果就是顺其自然的,还会因此重拾人生的底气,变得自信从容。

→ 普通上班族,开启第二曲线

我的徒弟潘潘,来自河南信阳,一个三线城市,毕业后就在当地一家上市公司做财务工作,一干就是10年,拿着每月几千块钱的工资,日子一眼就能望到退休。然而结婚生了孩子后有了自己的软肋,生活也发生了翻天覆地的变化,家里的开销一下子多了起来,孩子的奶粉、尿不湿、兴趣班……花钱如流水,生活水平直线下降,家庭矛盾也越来越大。

不是为了养育孩子争吵,就是工作上的各种不顺心。她说自己每天晚上,都要躲在卫生间里偷偷哭一会儿,人也变得越来越抑郁,整晚睡不着觉。

就在她觉得人生一地鸡毛，准备躺平的时候，一次偶然的机会，看到身边的好友，因为学习文案后竟然开始早起学习，每天坚持发5条文案！而且每条都写得特别好，让人忍不住一直翻下去。

看到好友180度的大改变，整个人都在闪闪发光，特别有能量，她就立马心动了。

于是她主动报名加入我的社群陪伴营，一发不可收地爱上了文案，就连她的老公也受到影响，变得自律起来，坚持天天去健身房锻炼，两个月成功瘦了20多斤。

2023年8月，潘潘成功加入我的文案弟子班，用文案思维发了一条朋友圈，短短三天内招了十几个学员主动报名，第一期训练营顺利开启了！

接着，又有一件意想不到的事情发生了，在我的手把手指导下，她从零开始起号做小红书，不到5个月的时间居然涨粉破万！

更重要的是，她每次加上的好友特别精准。就这样通过小红书引流，零资源、零背景、零人脉的她，居然实现了副业收入五位数，不仅收到文案私教，还有代写文案，最重要的是都是学员主动为她付费学习！

对于潘潘而言，副业的成功，并不只是多挣了一笔钱，而是让她有了改变现状的底气和安全感！

现在的她，因为学习文案，思维方式发生了巨大的改变，不仅在工作上是领导的得力干将，而且家庭关系都变得更加和谐，原来那个迷茫和焦虑的她，一下子找到了未来的方向！

潘潘是上班族的代表。每个上班族要有忧患意识，与其沉溺在一地鸡毛的琐碎生活中，还不如提前给自己多开辟一份副业，找到一个对的老师，8个小时之外能创造出更多价值，给自己原本的生活多加一道"安全栏"。

我的学员中这样的案例有太多太多，多数人都是像我们一样的普通人，所以请不用怀疑，勇敢行动。

遇到了他们，教学相长，反向激励着我，被他们的故事所鼓舞。教育的本质是一场爱的修行，真正用生命影响生命，才是教育者最大的使命。

> **小试牛刀**
>
> 本节里这3个人生样本的案例，是否有你的影子？从他们的故事里，你得到什么启发？欢迎写下来。

价值交付：超值给予价值

迈克尔·戴尔曾说过："不要过度承诺，但要超值交付。"

其实真正顶尖的销售，80%的时间都花在服务老客户、帮助他们解决问题和拿到结果上，从而带来好的口碑，拥有持续的复购和转介绍。

→ 做到这一点，才是商业的本质

就像我们去海底捞吃饭，每次都会印象深刻，因为它提供了很多超值服务。比如美甲、护手、擦鞋、打印照片等，还会送上各种小食。

所以，在了解用户需求的基础上，通过有特色的或者细节上的一些附加服务来给用户更好的体验，是占领用户心智最好的方式。

有句玩笑说要"毛坯房的承诺，精装房的交付"。千万不要为了讨好用户而过度承诺，一旦承诺，就要竭力兑现承诺，通过超值服务来建立良好的口碑。

商业经营的基础，是不断地超越用户的期望值。

这里有一个前提就是要正确地理解对方真正地想要什么，如果用户想买的是鞋子，但你却把裤子说得天花乱坠，那么即使说得再多对方也许都不会满意。

这就要求我们，学会正确辨别客户的需求。很多时候，客户会按照自己的理解或者过往的消费习惯，提出他们的要求。但这个"要求"，很可能是想法，并不一定就是需求。

所以，我们必须追问两个问题。基于什么背景下，对方想要购买我们的产品/服务？是为了解决什么问题？这样更便于我们了解客户购买的真实目的。

假设你是做家装的，客户表示想要一个现代简约风格的装修。那么这个时候，你就需要通过进一步提问，了解对方的深层次需求。经过沟通后，你发现他是希望给家带来一种温馨、舒适的感觉。而且，客户还提到平时喜欢邀请朋友来家里聚会，所以希望客厅能给人留下好印象。从这些描述中，我们才能挖掘到真正的隐性需求，也就是真实需求。

所以必须充分挖掘对方真正的需求，然后再不断地给出超越对方期望值的东西。这才是真正的超值交付。

→ 五步做交付，利他是最好的利己

有数据调查显示，一个老客户的价值是一个新客户的8倍。所以商业的世界里，利他就是最好的利己。

那么，我们应该如何做好超值交付，给予客户十倍、百倍的价值呢？下面分享我的交付五部曲。

• 选对用户

很多人对待用户没有审核标准，只要给钱就服务，这样只会越做越受限。因为有些钱收进来是相互加持，有些钱收进来是相互伤害。

想做好超值交付，首先第一步，就是要选对客户。我的具体审核标准可以参考第四章第六节。

你要做的是选择那些真正优质的客户，对方行动力强，又懂得感恩，不会盲目幻想一夜暴富。这样，你才能真正帮他们快速拿到结果。

所以，比培养人更重要的是选对人。

• 让用户充分重视

无论是卖产品还是卖课程，有一句话叫：干货不值钱，重视才最重要。所以要想办法，让客户真正重视起来，重视是第一生产力。因为只有重视，才会认真学习和执行，才能发现并解决问题，真正拿到结果。

想象一下，我们曾经买过多少产品，但是一次都没用过，或者用了一两次就扔在一边。很多时候未必是产品真的没效果，而是我们没有重视并且坚持使用。

如果你真的解决了用户的问题或者拿到了好的结果，对方自然会感受到你的超值交付。

• 让用户持续行动

这世界上没有一夜暴富的绝招，再厉害的方法，也只有持续狠狠行动，才能创造价值！

所以，一定要带着学员狠狠行动起来，比如，每天发朋友圈、每天加粉引流、每天讲课分享、每天做一对一咨询、每天学习成长、日更写作等。

在我的弟子班群里，我会不定期安排各种行动计划，比如文案行动营、自媒体写作行动营、流量行动营等。一起挑战日更朋友圈和自媒体账号，如果完成挑战可以获得礼物奖品，学员们都说在这个过程中，时刻感受到痛并快乐着，每次最后的完成率都在98%以上。而且在结束以后，也更容易养成坚持的好习惯。

• 让用户真正拿到结果

如果你的方法真正落地，只要对方持续行动起来，经过刻苦练习，就能把知识变成技能，把技能变成产品服务，把产品服务卖给有需要的人，从而拿到变现结果。

我的文案私教和弟子班，都是手把手带学员而且一对一修改文案，连标点符号都不放过。因为只有指出学员的问题，才会真正收获肉眼可见的成长，同时把用户思维和营销思维植入他们的大脑，拿结果自然是水到渠成的事。

毕竟不管是朋友圈文案、短视频脚本、社群分享稿，还是直播稿、公众号文章等，背后都是对文字的掌控能力。

• **搭建正能量的圈子**

我一直非常注重社群氛围的营造，因为我觉得良好的氛围一旦形成，对身处其中的人就会产生潜移默化的影响，从而获得源源不断的力量。

在我的社群里，有以下五大特色：

①**红包文化**：人人都争做发红包的人，"一言不合"就发红包感恩彼此。

②**早安文化**：每天早上起床第一件事，在群里互道早安，开启能量满满的一天。

③**欢迎文化**：每次有新人进群，都会第一时间发红包表示热烈欢迎。

④**随喜文化**：不管谁取得了成绩在群里报喜，其他小伙伴都会给予真诚的祝福。

⑤**分享文化**：取得成绩以后，毫不吝啬地把经验分享出来，一同交流进步。

以上是我自己的五步交付法，希望对你有所启发。我坚信副业的意义就是做着自己所爱的事，同时给信任我的那群人百倍价值，一起绽放光芒。

→ 成交不是终点，而是另一个起点

现今知识付费作为一种低成本的创业方式，吸引了越来越多专家和创作者进入这一领域。

其实，知识服务的整个交易链条是很长的，前期要开发课程，吸引流量；有了流量后要通过直播或者私聊用户等方式，把课卖出去。卖出去后并不意味着结束，真正的交付才刚开始。要建立专属学员群，运营和维护好学员，等到了上课的时候，还要负责讲课，上完课后还有作业或其他后续服务。

所以在这条路上，我一直怀着敬畏之心。我觉得成交绝对不是终点，而是交付的起点，每一笔学费对我来说，都是肩上的一份责任。

同时我觉得未来能在这条路上走更远的人，一定是交付能力极强的、真正能带学员拿结果的老师。

前不久，小红书某60万粉丝博主因为割韭菜被起诉，原来学员们购买了她的私教课，原有承诺的交付服务，她都没有履行，甚至对群里学员的问题直接视而不见，没有任何回应。

我记得她在直播间经常说，成交是最重要的环节，交付不重要。所以，我们在选择课程的时候，一定要仔细甄别，选择真正口碑好的老师。

因为选择课程，更多的是选择老师。一定要先看老师的世界观、人生观、价值观，是否符合你的择师标准。只有"三观"一致，才能真正学到本事，注意多问询其他人这个老师的交付口碑如何，好口碑的老师才值得购买。

另外，不要考虑只购买录制好的那种课程，缺乏老师答疑解惑，新手难以学会。也不要贪大求全，同时参加多个课程，进入多个领域。一个阶段针对一个领域进行专业学习，这样才能事半功倍。毕竟，我们只是个凡人，没有三头六臂。

> **小试牛刀**
>
> ①结合本节说的"五步交付法",看看目前在你的交付中缺乏什么,是不敢筛选用户,还是在交付过程中没有打造良好的"社群文化",抑或没有给学员带来真正的改变?
> 请做出你的改善计划。
> 价值交付并不是一件容易的事情,请在交付中不断调整迭代。
> ②在选择线上付费课程的时候,你是如何选择的?有没有在线上付费过程中踩过坑?看完本节后,思考一下如何更好地避坑。

情感交付:看见他人的力量

你是不是有这样的经历,在某个社群里看到别人聊得热火朝天,也想一起参与。可是当自己兴致勃勃发完言,群里完全没有人回应你?

又或者在创业路上遇到一些烦恼,情绪很焦虑沮丧,想和另一半倾诉一下,对方却很快给出建议:"你要不别干了,反正我赚的钱也够养家。"可能还责备一句:"这才多大的事,看把你愁的,你心理素质也太差了!"

如果遇见了以上的情况,你会有什么感受呢?

也许你会觉得自己不被尊重,不被重视。虽然看起来这些事情都不是什么大事,但就是这样一件件小事,如果经常出现在你的生活中,让你持续感觉自己不被看见,就会一直笼罩在痛苦中。

→ 教育的本质,是尊重和看见

学习本来就是件反人性的事,因为需要持续性,还要克服"懒癌",

而且还要经过实践检验,并不是你听了一次课,就大功告成了。

曾经给一位私教学员打了一通电话,结束的时候他激动地告诉我说:"在你这里,我第一次感受到自己被人真正看见是一种怎样的体验。"

原来他成长在一个不被父母看见的家庭,一直以来压抑了内心的很多需要,与人相处时也因为认知的缘故会扭曲很多外部的信息,导致人际关系出现问题。

他的话语让我很感动,因为我看到他一直以来的努力,也让我意识到了辅导学员,不应该只教方法,心理的疏导、尊重和看见同样重要!

教育的本质,就是"看见"一个人,看见他的闪光点,看出他的与众不同,挖掘他的潜能,释放他的光芒,为他喝彩。唯有这样,才能做到"一棵树摇动另一棵树,一朵云推动另一朵云,一个灵魂唤醒另一个灵魂"。

→ 如何在交付中充分提供助力

一个人被别人看见,其实就是他的需要、情绪、感受、想法、心声、做事的内在逻辑,包括外在的行为被人正确地感知、理解和接纳。

我总结了以下3点,帮助你更好地看见自己与他人。

• 学会倾听他人的心声

有效看见他人的方式是怎么样的?第一步就是倾听。何为倾听?"听"字的繁体"聽",看看这个字,左边一个耳下面一个王字,就是说要以听为王。右边十个目一个心,就是讲倾听时眼睛要看着对方,十目一心,一心一意地听讲,不要一边玩手机一边心不在焉地听。

当对方倾诉的时候,我们不能先入为主、抱着自己的想法去倾听,而是带着耐心、专心、用心地听,对方就会感觉到自己被你看见了。

所以辅导学员的时候,不要一上来就回答问题,要懂得倾听,花时间去了解背后的前因后果，可以帮助我们更全面地诊断问题。

• **不否定他人的想法**

有句话是这么说的"有种冷，叫妈妈觉得你冷"还有一句话说"不要你觉得，要我觉得"，这都在提醒我们否定他人感受是错误的。

想做到真正地看见他人，记得不要去否定他人的感受，因为我们每个人面对同一件事的感受是不同的，你觉得很好玩的事情，比如海盗船，可能对于别人来说是可怕的。

也不要用自己的感受和认知衡量他人、评判他人。评判他人往往会传递出这样的意思：我是对的，你是错的。仿佛站在高位，对别人指指点点。

就像我们在朋友圈也经常会看到，有的人对别人的文案指点江山。其实没有人喜欢被人高高在上地评价，如果我们想看见别人，就需要放下自己的感受和评判，这个放下的意思不是说我们不能有自己的感受和评判，而是不能只有自己的感受和评判，既看见自己的感受，也有心量去看见别人。

感受没有对错之分，只有不同，并且我们无法用自己的感受代替别人的感受；只有相信和承认了他人拥有不同于我们的感受，才能让对方感受到真正的尊重和理解。

• **共情他人的内心感受**

当我们可以共情他人的感受，看到情绪以及行为背后的原因，并用语言表达出来时，对方就会感受到被我们深深地看见。

这个过程就是电影《阿凡达》中反复说到的台词："I see you." 我用心看见了你，我是真正了解你的，我是用眼和心在与你交换。

所以，在和学员沟通的时候，我会给予充分的信任、支持、共情和看见，每次他们在群里发言，或者是提交作业，我总会用先鼓励、再提出问题的方式，始终用正向的语言，让他们感受到自己的每一个想法都是被尊重和理解的，自然也会对未来充满信心。

→ 成人达己，做最用心的事业

知识付费领域，到底什么才是交付？

有的老师每天晚上都有密训，交付非常重；有的老师连见面的机会都很少，仅仅是听了一堂直播就会让你觉得价值百万；有的老师你从未上过她的课，却通过她认识了非常多高能的朋友，从此有了更多人生可能性。

那么作为老师，到底应该如何做交付？下面分享我弟子班的交付方法。

• 系统课程，反复收听

我把系统性的内容，做成了录播课的形式，并且经常更新迭代，陆续开放新的内容，方便学员反复收听。其实70%的学习需求都是有共性的，所以提前把这些内容准备好，可以大大提升效率。

• 一对一咨询策划

听完系统课程后，我会亲自对每位学员做一对一咨询，给出具体的方案。包括梳理定位、打磨产品体系、设计定价、发售流程等。因为这些都是个性化的内容，必须根据不同学员的情况，进行一对一定制，然后在实践中不断调整优化。

• 手把手修改朋友圈文案

每天修改3~5条朋友圈文案，直到过关为止。这是交付的重头戏，因为好的文案不是写出来的，而是改出来的。只是经历了手把手修改文案的过程，学员才能真正提升营销思维和商业认知，变现之路也会走得更稳更持久。

• 流量扶持和资源对接

我会经常在朋友圈、公众号以及社群里，推荐学员的二维码进行流量扶持，带他们更快走上变现快车道。或者推荐一些合适的项目，比如代运营自媒体账号、代运营私域朋友圈等。

- **为你搭建分享舞台**

在我的社群里，主角永远是付费学员，而不是我自己。我经常邀请他们在群里做分享，一来锻炼分享能力，二来也是一个展现自己的舞台。我相信只有在实操中学习，才会收获更多成长。

- **持续地关怀和陪伴**

陪伴才是长情的告白，送惊喜能让学员体验到你的关心和被看见。我经常会给学员赠送礼物，比如在他们生日的时候，就能收到我送的蛋糕。或者是一些有纪念意义的礼物，例如，我曾经把所有学员的照片收集起来，制作成了一本精美的日历，他们收到以后都觉得非常惊喜。

- **线下高能场域**

我还会不定期举办线下闭门会，和学员们玩在一起，吃在一起，住在一起。不仅是授课，我们还在一起畅聊生活的所思所想，每次都感到特别温馨。我们的关系早已不仅仅是师生，更是一同成长的家人。

而且以上所有的交付内容，全部由我本人完成，没有任何助理代劳。我始终相信亲力亲为，才是自己做教育的初心。

《论语·雍也》中道："夫仁者，己欲立而立人，己欲达而达人。"成人达己是大智慧、大格局，也是中华民族的智慧。只有帮助别人、成就别人，才能真正遇见更好的自己，实现人生理想。

> **小试牛刀**
>
> 如果你也在做课程交付，你是否有关心和看见你的学员或用户？例如，会在学员生日时送上祝福信息甚至礼物，会时不时给他们的朋友圈点赞或评论，主动了解他们的近况等。

> 注意，交付的更多方面不仅仅是干货和知识，情感上的连接和温度也是非常重要的。

精神交付：不当偶像而是灯塔

如果把学生比作一艘即将扬帆起航的轮船，那么老师不应该只是令人崇拜的偶像，而是屹立在他们航行路上的一座座灯塔。

教育的意义，就是以爱之名让灯塔亘古长明，在人生之海中，默默守护，为学生指引航向，引导他们驶向更广阔的人生。

→ 不断迭代，终身成长不止息

詹姆斯·卡斯在《有限与无限的游戏》中说："世上至少有两种游戏。一种可称为有限游戏，另一种为无限游戏。有限游戏以取胜为目的，而无限游戏以延续游戏为目的。"

"迭代"原是数学领域中一种算法，强调在原有基础上不断重复、推陈出新，在移动互联网产品开发中被广泛应用，并最终形成了"迭代"思维。

现在的迭代思维，不仅用于数学算法和互联网产品的开发，还适用于我们生活和工作的方方面面。仔细观察就会发现，那些拥有迭代思维的人，往往都能成为某个领域或行业的顶尖高手。

因为任何一个目标都不是一蹴而就能完成的，这就需要我们不断迭代，终至达成目标。

每次做完一期学员交付，我都会做一个动作，闭关整整一个月。一方面将交付中学员经常遇到的问题，整理更新到课程体系中，另一方面继续付费学习，不断沉淀自己。

其实，高手不断迭代成长的秘密，就是"复盘思维"，好的复盘会指向行动改变，优化解决方案，并且在之后的运用结果中，再进行二次复盘。复盘不是一锤子的买卖，是循环往复、不断迭代的模式。

比如，我的每日复盘包含以下3项内容。

①今日事项：我今天完成了哪些重要的事？
②今日收获：我从中收获了什么？得到了哪些经验或教训？
③今日感悟：我有哪些感受和领悟？

所以每次闭关结束，学员们都会感受到我的改变，也会愿意跟着我持续学习。毕竟一个人学习和迭代的速度，决定了他的成长速度，大家都愿意追随不断进步的人。

→ 何以为师，"传道受业解惑也"

韩愈曾经说过："师者，所以传道受业解惑也。"

古人云："经师易求，人师难得。"一个优秀的老师，应该是"经师"和"人师"的统一，既要精于"受业""解惑"，更要以"传道"为责任和使命。

• 解惑

所谓"惑"，就是指一个人在境遇中可以观察到，但是不了解或不明晰的一种心理状态，表现为疑惑、迷惑和困惑。

解惑的意义，应该是学习者作为主体，而老师作为辅助的一种启发式教学。与其直接告诉答案，我们更应该鼓励学员把问题和自己的想法说出来，然后引导他们自己找到答案，再通过实践来检验。

• 受业

受业的"业"，在我看来应该包含两部分内容。

首先是指知识,因为所有的教育无不是以知识的传授为载体。

其次是指各种能力和技能。在所有的能力中,认知能力是基础,学习能力是核心,创新能力则是灵魂。所以作为老师,要着重强调专业技能的修炼。因为只有一技之长,才是安身立命之本。

最后是职业品质,要在传授知识的过程中引导学生学会思考的方法,从而提高学生学习能力,以及练就其他各种职业品质,如勇气、专注、耐心、勤奋、谦卑等。

- 传道

而传道则有更多不同的含义。

首先,"道"包含自然、社会和思维的基本规律。

其次,它是指为人之道。

这就要求老师言传身教,传授给学生为人处世的道理,培养学生的人格。因为老师的一言一行、一举一动都会潜移默化地影响着学生。所以老师自身要有良好的品质,才能在情感、态度、价值观上对学生进行激励和鼓舞。

很多学员跟着我学习以后,都告诉我说原本以为只是能学到一项技能,没想到进来以后才发现,学到最多的是为人处世的方方面面。这些都时时刻刻影响着他们,给未来的人生之路涂上一抹精彩的底色。

所以,传道、受业、解惑三者缺一不可。传道受业解惑,披星戴月树人,这是每个线上教育工作者应遵循的风向标。

→ **人格传递,用生命影响生命**

心理学家卡尔·荣格说过:"你连想改变别人的念头都不要有。要学习太阳一样,只是发出光和热,每个人接受阳光的反应有不同,有人觉得刺眼,有人觉得温暖,有人甚至躲开阳光。"

其实真正的教育，不是讲人生的大道理，不是控制和改变，而是用自己的言行、用自己面对生命的态度去影响学员，用生命的力量去影响生命。

历史上有很多伟人都是在老师的影响下，走上了人生的康庄大道。比如意大利著名画家达·芬奇，在他很小的时候，美术课上老师坚持让他练习画鸡蛋，一直画了很久，在这个过程中，达·芬奇培养出了耐心和毅力，最终成为著名的大画家。

电影《地球上的星星》讲述了一个有读写障碍但是充满好奇心和无限想象力的小男孩，由于不能融入正常教育体系，成绩太差，不被老师、同学、家人理解，甚至屡遭嘲笑、责骂，小男孩逐渐关闭内心，切断和外在的联系，直至尼克老师出现，重新唤醒和点亮了他的生命。

和以往所见到的固守成规的老师不同，尼克主张让学生们保留自己的个性和思想，自由地发展。在和尼克相处的日子里，小男孩终于变得成熟了起来，遇见了更加开朗、绽放的自己。

所以，教育具有感染性。当我们自己活成了一道光，成为心中有大爱的人，不断提高认知水平，用爱和真心陪伴学员成长之后，就会发现他们也会一路追随着我们前行。

苏格拉底说过："教育的真谛不是灌输而是点燃，一万次灌输不如一次真正的唤醒！"

有人说，知识付费行业鱼龙混杂，割韭菜的太多。可是我觉得一些不用心做交付的人，即使短期赚到了钱，也注定无法走长久。

大浪淘沙，会把那些急功近利、利用博眼球的方式获得流量却华而不实的人淘汰，最终留下来的一定是踏踏实实热爱这个行业、脚踏实地做事的人！

> **小试牛刀**
>
> 如果你已经开始做副业,找个安静的地方,闭上眼来想想:
>
> 请回归你的内心,问问自己:你是否依然初心不改,为更多的人提供价值,不沉浸在他人对你的追随中,而是愿意成为照亮他人生命的灯塔?
>
> 正心正念,踏实付出,最终会吸引更多人来到我们身边。

后　记

总结及感谢，点亮自己，照亮他人

一眨眼来到了最后一篇，全书的完稿离不开很多人的支持。

还记得刚开始做副业的时候，我的家人都曾经站出来极力反对，甚至发起家庭会议，给我做思想工作。

可是9年后的今天，当看到我整个人变得越来越自信、目光越来越坚定，而且经常收到学员寄来的感谢信时，他们的态度从原来的质疑变成了百分之百支持，因为这是一份真正成人达己、值得终生奋斗的事业！

也特别感谢在副业路上给予我帮助的前辈老师们，一直支持信任我的学员们。因为有你们，才有不断进步、不断突破的我。这一切也更坚定了我持续走下去的信念，让我愿意继续给信任我的人带来更多价值！

一本书的容量有限，而商业世界却是瞬息万变，知识也在不断更新迭代，我会继续升级自己的商业模式，给学员带来更多助力！如果你想学习更深度、更前沿的副业知识，请关注我的公众号。

纸短情长，愿本书能成为照亮你副业之路、成长之路的一盏灯，给你的人生带去希望与光明。

如果你被触动、有收获，我也邀请你把这份光明传递给更多如你一样需要的人。

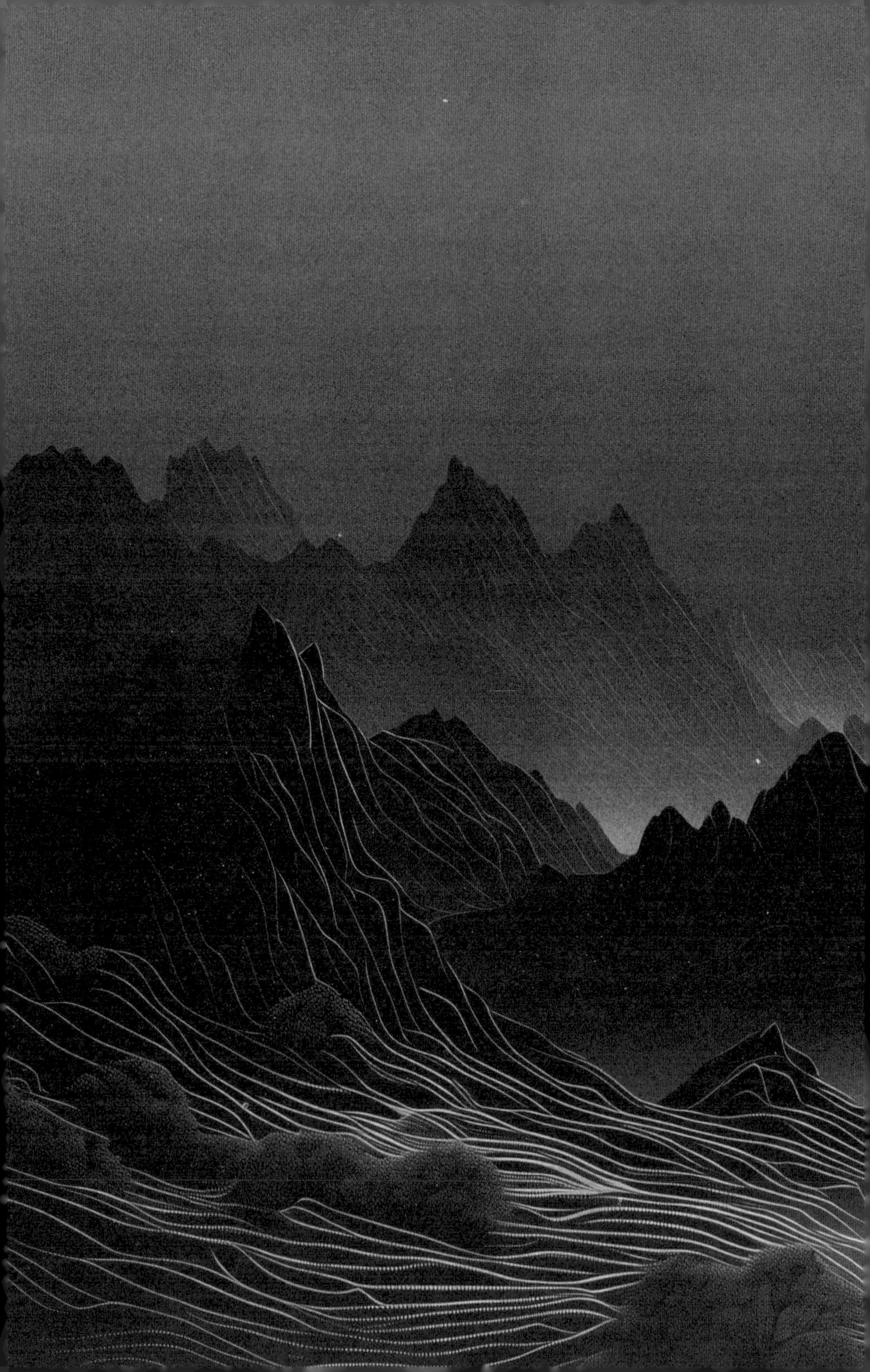

附 录

学员写给我的6封感谢信

亲爱的思林师父：

　　特别感谢你，过去这一年多的陪伴和指引，让我更加坚定未来的路！

　　遇见你，是我人生最大的幸事，因为有你，我的人生变得完全不一样了……

　　创业的路坎坷不平，在我快要放弃的时候，你的出现犹如一盏明灯，为我照亮前行的路，所有的困难和艰辛都变得甘之如饴！

　　你的鼓励，给了我走下去的动力和决心，所有的迷茫，都被一一化解，让我找到了未来的方向，一切都在朝着我理想的样子变化着！

　　特别喜欢你骨子里"不服输"的那股拼劲，让我相信所有的成功，其实都有迹可循，平凡的普通人也有逆风翻盘的可能性！

　　特别感谢你，因为有你，我的人生变得更有价值和意义。曾经想都不敢想的事，在你的影响下，让我成为老师，体会到了作为一名文案老师的成就感……从此有了更多选择和说"不"的底气！

　　未来还要追随你，一起走更远的路！

文案写作教练、个人品牌创业导师、皮肤管理导师
玥溪敬爱的师父：

　　师父您好，提笔写下这行字的时候，虽然是寂静的深夜，但我依然难掩内心的激动。

　　因为，回想这一年多来，在您的指导下，我竟然一个人活成了一支团队！真正过上了时间自由、地点自由、被客户追着付钱的生活，如果没有您手把手的指导，我一定还会走很多弯路。

　　记得当初，只是看了您的一条朋友圈，不到3分钟就决定，报名您的弟子班。

　　说实话，那时候真的是纯靠直觉，从您的文字中感觉到，您一定是位靠谱、又超有能量的老师！此刻无比庆幸，当时对您笃定的信任，让我切身体会到什么叫"越信任越幸运"。

　　感恩师父手把手的指导，更感谢师父一直以来毫无保留的教诲，让我更有底气往前冲！

　　爱您一辈子，一辈子爱您，感谢我最好的师父！

国际认证形象管理师、珠宝公司合伙人、文案营销教练
　　　　　　　　　　　　　　　　　　　　　　　柒柒

思林师父：

　　您好！有缘认识思林师父，是我人生中的一大幸事，感恩遇到您，您是我人生的大贵人！

　　对师父的感谢，真要说起来可能几天几夜也说不完，我们认识一年多了，在这一年多的时间里，跟着师父贴身学习，我的人生发生了翻天覆地的变化！

　　我在体制内工作，线上副业从0开始，师父手把手教会了我写文案；教会了我用文案变现，实现了副业月入五位数；教会了我做小红书账号；教会了我轻松吸引流量；教会了我轻松自动赚钱；教会了我做个人品牌；教会了我人生逆袭的法则；教会了我要想改变命运，就要跟着像思林师父一样的人，能轻松赚钱，能写会说用心带徒弟，跟有结果有能力的老师学习。师傅教会了我太多太多，也给了我很多感动，在我遇到问题的时候总会及时出现，给我力量，像家人一样给我温暖。

　　思林师父就像一个大宝藏，有挖不尽的宝，也像一盏明灯，跟着师父特别踏实，有方向有目标。

　　思林师父打开了我新世界的大门，改变了我的人生。

　　感恩有您，谢谢思林师父！有幸成为您的弟子，太幸福了！

持证天赋咨询师、吸金文案写作导师

玉探 Alice

尊敬的思林师父：

  我写这封信是想表达我对您的感激之情。在跟随您学习文案的过程中，我无论在文案还是在生活方面都得到了很大的提升，真心感谢您给予我的支持和指导。

  您总是毫无保留地分享您的知识和经验，耐心地指导我们掌握文案的技巧。在每一次的课堂上，您都能够通过生动的案例和分析让我们可以更好地理解并运用所学的知识。您的教导为我打开了一扇窗，让我拥有了更广阔的视野。

  无论我遇到什么样的困难或挫折，您总是给予我勇气和信心。您相信我能够做好，并且始终鼓励我超越自我，追求更高的目标。正是因为您的支持，让我可以不断地挑战自己、提升自己。

  很难得能遇到像您这样优秀的师父，您不仅仅教我们知识，还会用自己的行动教我们怎么做事。您做的点点滴滴，都深深地印在了我的脑海中。无论您自己多忙多累，第一个想到的都是自己的学员，竭尽所能地把所有的知识都传授给我们，让我们可以少走弯路。

  感恩师父这一切的付出，能成为您的徒弟是我最大的幸运。

个人品牌商业顾问、文案写作教练

Kevin

亲爱的思林师父：

您好！

2023年5月底，当我一度迷茫、没有方向、没有定位的时候，刷到您的朋友圈，就像遇见了一束光，瞬间照亮了我整个世界。

从2021年起，我就开始了线上付费学习，更是付费六位数以上，开启了漫长的学习创业之旅，原本以为成功触手可及，然而每一步却都充满了阻碍，整整2年多的时间，除了迷茫，一无所获。直到遇见师父，我的人生才发生了翻天覆地的变化。

跟着师父学习文案，短短2个多月的时间，竟然让2年多都没能出成绩的我，只是发发朋友圈，就被人追着开私董课，不可思议的是当时的我，连私董海报都没发，后面还不断收到训练营学员和私教学员，日入过万，早已轻轻松松……

更令人我意外的是，拥有文案能力、文案思维，竟然让我的线上线下事业全面开花，不仅副业拿到结果，主业也启动了开挂模式，公司给我加双倍工资，因为我推动了公司一直未能实现的重要突破，为公司带来了源源不断的稳定收益。而这一切的收获和成长，都因为遇见思林师父。

很感恩2023的遇见，我要跟随师父一辈子！因为师父就是我的人生导师，师父的大爱是我从未见过的，更被师父的一句"我的就是你的"直戳内心，师父就是我永远的榜样！遇对人，我的人生活成了自己想要的样子，并且拥有了无限升级的人生！

文案变现创业导师、个人品牌商业顾问

丹青

最最最亲爱的思林师父：

　　打开手机，想给师父说说心里话，却又不知从何说起，这个凭借一己之力改变我人生轨迹的女孩，我对她的感恩和感激，就像天上的星星一样，数也数不完……

　　在知识付费圈流浪三年，我被割过无数次韭菜；被一地鸡毛的生活折腾到茫然又痛苦；因为怀孕生子，一度胖到自卑抑郁……

　　感谢一直折腾的自己，感谢命运终于向我抛出橄榄枝，2023年遇见思林师父之后，我的人生仿佛被幸运之神眷顾……

　　不仅轻松实现无痛早起，还在不知不觉间瘦身15斤，更找到了生活的重心和方向，就像漫长黑夜中，终于出现一盏指明灯，使我的人生有了目标，有了动力。你知道吗，接下来的时间，发生了更加神奇的事情……

　　在师父手把手带领下，我不仅打造出个人品牌，还进军小红书，打通公域私域闭环，吸引精准粉丝来跟我付费学习文案，副业收入也有了零的突破……

　　师父就像一团火焰，不仅照亮了我的人生路，更点燃了我内心的火种，让我拥有源源不断的动力。不仅如此，她时刻都在学习新的知识，永远冲在我们前面，把她拥有的一切，毫无保留地教给我们……

　　超强的专业能力，以及强大的人格魅力，不仅让我们安心，也给了我们信心，有师父在，不惧未来！

吸金文案成交系统导师、太极养生达人
杨晓熙